In Erinnerung an
Trixi von Spreckelsen-Held
(1946–2013)

Für Dada, Hektor und George

911

Ulf Poschardt

Klett-Cotta

Das Vorspiel

Beim Psychoanalytiker

Der Psychoanalytiker meint es gut mit dem Mann auf der Couch. »Nein, Sie müssen sich keine Sorgen machen, weil Sie ein Auto lieben. Erst recht nicht, wenn es ein Auto mit weiblichen Rundungen, einem knackigen Hintern und einem Dekolleté ist, das sogar Autohasser milde stimmt.« Es gebe ein anthropologisches Grundbedürfnis nach solchen Formen und überhaupt: Die Formenwelt sei eine feminine Welt, auch wenn man es den wenigsten Autos ansehe. Wer sich als kleiner Junge in ein Auto verliebt, rechnet beim Erwachsenwerden nicht damit, dass ausgerechnet eine der frühesten Leidenschaften, an die man sich erinnern kann, Bestand haben soll. Möglich ist das beim Porsche 911, weil er mit einem erwachsen geworden ist und auf gleichsam übernatürliche Weise dem sonst üblichen Alterungsprozess entzogen scheint. Der Porsche 911 wurde 1963 auf der IAA in Frankfurt vorgestellt und seitdem ist er einfach geblieben. Das macht ihn einzigartig. Kein Sportwagen ist so alt, kein existierendes Auto.

»Sie sollten nicht alles auf die Kindheit schieben«, bemerkt Professor Rainer Kaus in seiner mit Büchern, Bildern und »In-Treatment«-DVD-Boxen vollgestopften Praxis ruhig und freundlich. »Wenn junge Männer im Porsche mit quietschenden Reifen vor der Uni halten, bleibt deren Geheimnis, was sie damit psychodynamisch erledigen.« Er, der erfahrene Psychoanalytiker, habe aber ein paar Vermutungen. Es gehe ganz einfach um den Rausch der Geschwindigkeit und den Rausch an sich. Der Sportwagen selbst wird zum Lustobjekt, mit dem wir nicht nur uns selbst, sondern auch die anderen erregen. Und als Krone des Ganzen lockt der Neid. Die Erregung von Neid sei nicht als zerstörerische Kraft zu verstehen, sondern als Provokation, um die Umwelt in Bewegung zu versetzen und zu dynamisieren. Jeder ist neidisch und jeder produziert Neid. Leider versäume es unsere Gesellschaft, damit produktiv umzugehen.

Porsche fahren sei etwas sehr Gutes, fährt der nette Herr fort, die Vorstellung, in einem engen Innenraum mit dem Fahrzeug verwoben zu sein, ist eine Symbioseerfahrung, nach der eigentlich alle Menschen streben. Die Symbiose sei wie ein Bad, in das man eintauchen könne. Wichtig sei nur, dass man darin nicht untergeht oder so mit dem Gegenstand verwoben bleibt, dass die Trennung unmöglich wird. In der Symbiose zu erstarren, könnte problematisch werden. In der Symbiose enthalten sei die Sehnsucht, sich fallen zu lassen. Der Motor lässt die Welt vorbeirauschen und ich kann mich dabei fallen lassen. Auf Nachfragen von der Couch, ob nicht *das* wenigstens gefährlich und bedenklich sei, antwortet der Psychoanalytiker leise: »Die Beobachtung der technischen Dinge muss gegeben bleiben.« Das heißt? »Okay, ich regrediere, ich gehe in eine Symbiose mit dem Fahrzeug, dem Rausch, der Geschwindigkeit, aber ich verliere nicht die Kontrolle, auch nicht über mein Lustgefühl. Rausch, Regression und Symbiose sind wichtige Lust erregende Dinge, aber sie brauchen eine Grenze, die von der Selbstschädigung abhält.« Er blickt mich streng an. »Es gibt Leute, die gehen lustvoll in den Rausch, in die Regression und in die Symbiose, und denen ist es egal, was mit ihnen passiert. Jede Regression benötigt ein Moment der Umkehr.« Der Porsche-Fahrer weiß sofort, wovon die Rede ist, hat ihn die nicht gelungene Umkehr bereits in Todesnähe und schöne Sportwagen auf den Schrottplatz befördert. Aber es muss ja nicht jede Information gleich in der ersten Sitzung plaziert werden. Der Psychoanalytiker mustert den Patienten. »Da muss man Glück haben. Zum Beispiel einen Partner, der einen an die Verantwortung erinnert und der auch mal sagen darf: ›Es reicht. Es ist gut.‹ Daraus wird ein verinnerlichtes Gefühl der Verantwortung.«

Und was ist mit dem Todestrieb? Den wiederum hält der Psychoanalytiker für ein wenig überschätzt. Der helfe auch nicht so recht weiter. Rausch sei mit Glück verbunden, auch deshalb, weil fast jeder wisse, wie Dinge an einem gewissen Punkt zu stoppen seien. Jeder habe die Freiheit, seine Gefühle von Rausch, Regression und Symbiose auszuleben, und sie stoppen zu können, rundet das Glück ab. Zum notorischen Raser findet er einen klugen Gedanken beim französischen Ethnologen und Anthropologen Georges Devereux. Der erklärte in seinem Hauptwerk, je angstfreier man etwas beobachten könne, umso mehr werde man erkennen. So gesehen erlaubt es der Porsche, besser wahrzunehmen, vorausgesetzt der Fahrer ist kein Hasenfuß. Je angstfreier er ist, umso besser wird er den Wagen lenken.

Professor Kaus ist der ideale Psychoanalytiker für Porsche-Fahrer. Seine Couch ist tiefer gelegt und sein Verstand neugierig und ohne jedes Vorurteil. »Leisurely« wäre ein Sportwagen ideal zu bewegen. »Wenn wir stets nur hasten und eilen, erzeugen wir Druck. Und zu viel Druck ist nicht gut für die Psychosomatik. Ungelöster Neid auch nicht.« Anstatt mich verteidigen zu müssen, macht mich Professor Kaus zu einem eher vernünftigen, ausgeglichenen Zeitgenossen. Ein gesunder Narzissmus sei wichtig für ein unneurotisches Selbstwertgefühl. Versteht man Narzissmus weniger als krankhafte Selbstverliebtheit, wie das der protestantische Volksglaube tut, sondern als angemessene Form der Selbstfürsorge, tut er gut, entspannt, regt an und kann neue Ideen entstehen lassen. So wie der Mensch nur dank Lust und Erregung Fantasien entwickeln kann, so stützt der Narzissmus Aktivität und Dynamik. Eine gewisse Freude an der Darstellung sei dabei unerlässlich. »Im Wesentlichen«, bemerkt Professor Kaus kühl, »denkt der Mensch von sich aus, erst dann kann er solidarisch werden.«

Vorgeschichte

Das deutsche Auto: Porsche vor Porsche

IIIA 0703

»What a Krautwagen!«, schwärmte Boris Johnson beim Anblick des Porsche 911 Targa, den man ihm zum Testen vor die Tür gestellt hatte. Boris Johnson war damals, 2003, ein einflussreicher Oppositionspolitiker der Tories, 2008 wurde er Bürgermeister von London und seit dem Amtsantritt von David Cameron als Premier gilt Johnson als künftiger Kandidat für den Tory-Vorsitz. Nebenbei wirkte er als Schriftgelehrter, Freigeist, Exzentriker und Autoliebhaber. Für ihn, den Briten, war und ist der Porsche 911 zunächst ein sehr deutsches Auto mit einem Namen, das nach den Terroranschlägen vom 11. September so absurd klingt wie ein Nissan Osama oder ein Datsun Pearl Harbor. Gegen Ende seines Tests für die britische »GQ« nach all den Spötteleien und Witzen über den Namen lobt er den Elfer in nahezu unbritischer Überschwänglichkeit und befiehlt seinen Lesern, sich unverzüglich einen zuzulegen. Diese etwas militärische Geste ist eine ironische Anspielung auf jenes im Elfer vermutete Preußentum.

Andere Briten agieren weniger freundlich. Jeremy Clarkson zum Beispiel. Der wohl berühmteste Autojournalist der Welt hasst den Porsche. »Wäre der Porsche 911 eine Frau, es wäre Brünhild, wäre er ein Gebäude, es müsste ein Bunker sein, und wäre es eine Speise, dann wohl eine Torte aus Fleisch«, vermutete Clarkson in einem mittlerweile berühmt-berüchtigten Film, der im Internet auch heute Elfer-Freunde amüsiert. Er zeigt Clarkson beim Versuch, einen Porsche zu ermorden. Leidvoll muss er feststellen, dass es wohl doch kein Gerücht sei, dass diese Autos aus Granit gefertigt werden. Ein altes Klavier kracht auf den betagten roten Elfer und verursacht lediglich eine Beule. Dann kracht er gegen ein Haus und sieht dessen Mauerwerk zerstört, nicht aber die Fahrtüchtigkeit des Porsche. Er schießt auf den Elfer, übergießt den Motor mit Säure. Es hilft nichts. Schließlich lässt er den Elfer von einem zehn Meter hohen Kran auf einen mit Gas gefüllten Wohnwagen herunterkrachen, um das Auto in die Luft zu jagen.

So gerät der Akt der Zerstörung wider Willen zu einer britischen Verbeugung vor der Qualität dieses »Supercars«, das eigentlich zu solide ist für dieses Orchideenfach des Automobilbaus. In einer anderen Sendung gibt sich Clarkson mit seiner Abneigung weniger Mühe. Eigentlich, so spottet er, sei der Porsche 911 ein Käfer mit Sportschuhen. Der Motor im Heck eine Absurdität, als würden bei einer Kutsche die Pferde hinten angezäumt, um Menschen und Gepäck durch die Gegend zu schieben. Das eigenwillig Teutonische des Sportwagens wird als Monstrosität gefürchtet, bewundert und bestaunt. Am anderen Ende des Erdballs ist die Exotik des Fahrzeugs potenziert. In Japan verwandelt ein kettenrauchender Tuner betagte und weniger betagte Elfer in Haikus unter Verwendung der deutschen Sprache. Abgekürzt heißt Akira Nakais Unternehmen RWB. Die drei Versalien stehen für »Rauh Welt Begriff«, eine Zeile konkreter Poesie, die hierzulande für Verwirrung sorgen könnte, die aber in Japan für eine der freisinnigsten Arten des Autotunens stehen. Während die aus Filmen wie »The Fast and the Furious« bekannte Tuning-Szene vor allem asiatische Fahrzeuge modifiziert, besitzt der Porsche 911 etwas doppelt Exotisches: Er ist nicht nur europäisch, sondern deutsch. »Sekund Entwicklung« fantasiedeutscht es da auf wuchtigen Heckspoilern der RWB-Porsche. Und alle von Akira Nakai getunten Fahrzeuge haben einen Aufkleber am oberen Rand der Frontscheibe, auf der »Rauh Welt« zu lesen ist. Zur skulpturalen Gestaltung der breiter, tiefer und hysterischer veredelten Porsche Elfer kommt eine theatralische Sprache, die in Tokio wohl nur ein paar Mitarbeiter des Goethe-Instituts und Germanistikstudenten verstehen werden. Johnson, Clarkson und Akira Nakai aber eint ihre Agitiertheit durch ein Produkt, das nicht nur einzigartig, sondern eben auch einzigartig deutsch ist. Deutsch wird für den in Interviews eher wortkargen Schrauber zu einer Hubraumerweiterung seiner Fantasie und zum Drehzahlverstärker der Mythologisierung jenes Sportwagens, der weltweit als eine der

fünf großen Motorsportlegenden gilt. Dem teutonisch puritanischen Gefährt nimmt Akira Nakai seine Strenge und lässt es mit monströsen Heckflügeln, Radkästen und ultrabreiten Slicks zu einem Fabelwesen werden, das in Verkennung der Realität die Straßen dieser Welt mit einer unendlichen Rennstrecke verwechselt. Aus dem deutschen wird ein globaler Paradiesvogel.
Seinen deutschen Kern pflegt er stolz und aufgrund der historischen Verwicklungen mit den düstersten Ecken der Geschichte nicht ohne Mühen. Damit erreichte Porsche auch dafür schwierige Märkte, wie den amerikanischen an Ost- und Westküste, wo die freiberufliche, kreative und unternehmungslustige Klientel oft auch jüdischer Herkunft ist. »Ich bin Halbösterreicher und habe eine – wenn Sie so wollen – spezielle ästhetische Verbindung zu diesen Autos«, erklärt Jerry Seinfeld. »Wenn ich einen Porsche ansehe, löst er in mir Gefühle aus wie kein anderes Auto. Ich liebe die Geschichte von Porsche und baue die Sammlung so auf, dass diese Geschichte auch erzählt wird. Von den Anfängen in Gmünd bis zu den neuesten Modellen.« Die Nazi-Wurzeln der Firma stören ihn, der auch in seinem Werk seine jüdische Identität betont, nicht. »Die Nazis selbst verstören mich mehr als die Autos, die in dieser Zeit entwickelt wurden. Für mich war der VW Käfer fast schon eine Art Wiedergutmachung am Rest der Welt.«

Der Elfer hat aus seinen Wurzeln nie einen Hehl gemacht, im Gegenteil: Die Ahnentafel des bis heute erfolgreichsten Sportwagens aller Zeiten reicht direkt in die frühen 30er Jahre, als das Unglück zuerst über Deutschland und dann von dort über den Rest der Welt kroch. Inmitten der Weltwirtschaftskrise hatte der damals schon renommierte Ingenieur Ferdinand Porsche in Stuttgart ein Konstruktionsbüro eröffnet, aus dem im April 1931 die »Dr. Ing. h.c. F. Porsche Gesellschaft mit beschränkter Haftung, Konstruktion und Beratung für Motoren- und Fahrzeugbau« wurde. Zusammen mit seinem Schwiegersohn Anton Piëch und bald auch seinem Sohn Ferry arbeitete er als Ingenieurdienstleister für Autofirmen wie Wanderer, NSU oder Zündapp. Für Letztere ging es in den Aufträgen um die Entwicklung eines Kleinwagens, der auch in Krisenzeiten massenhaften Absatz finden könnte. Am anderen Ende der Auftragspalette standen die Konzeption von Hochleistungsmotoren und die Entwicklung eines Formel-Rennwagens für die Auto Union. Porsche interessierte sich stets für beides, wobei auch als Ingenieur bei Austro Daimler und Mercedes-Benz seine Neigung für sportliche Fahrzeuge immer deutlich zu erkennen war. Beeindruckt habe ihn, so sein Enkel Ferdinand Piëch, wie Bugatti leichte Rennwagen mit leistungsfähigen Motoren kombinierte und so das Beste aus beiden Welten vereinte. Für Austro Daimler konstruierte Porsche mit dem »Sascha« einen Rennwagen in Leichtbauweise mit einem Motor, der mit spärlichen 1,1 Litern Hubraum auskam. Dieser nach Graf Sascha Kolowrat-Krakowsky getaufte Wagen war eine entscheidende Wegmarke in der Entwicklung des späteren Volkswagens. Der Spagat zwischen Alltag und Rennstrecke prägte Porsches Leben früh und wurde mit den ersten Porsche-Sportwagen ab 1948 ideal geschlossen, durch seinen Sohn Ferry, der das Lebenswerk seines Vaters in dessen Sinne fortführte.

Die Arbeiten an niederpreisigen Kleinwagen und exklusiven Rennwagen führte im Konstruktionsbüro in Stuttgart zu einer Kompetenzanhäufung in einer ungewöhnlichen Kombination. Ferdinand Porsche ahnte, dass die Verbindung dieser bis dahin sich weitgehend unversöhnt gegenüberstehenden Autogenres eine Chance sein könnte. Doch die Zeit dafür war noch nicht reif. Die Grundkonzeption des ersten Porsche, der 1948 auch so genannt werden durfte, war bereits in dem Kleinwagenentwurf für NSU, genannt Typ 32, vorhanden: Er besaß ein Fließheck und einen Vierzylinder-Boxermotor im Heck, der luftgekühlt war. Nach der Machtergreifung der Nazis und des ziemlich autoverrückten Führers präsentierte Ferdinand Porsche im Januar 1934 seine Vorstellung eines »Deutschen Volkswagens«. Wichtig war ihm dabei neben Windschnittigkeit, technischer Innovation und einem bezahlbaren Preis ein neues Grundverständnis des Volkswagens: Er sollte – wie Porsche in einem Exposé für das Reichsverkehrsministerium ausführte – keine Schrumpfform eines großen Wagens sein, sondern etwas ganz Eigenes auf der Höhe der Zeit. Die Verwendung für das Militär deutete er lediglich in einem Nebensatz an. Wenig später nach der selbstbewussten Bewerbung erhält die kleine Stuttgarter Manufaktur vom Reichsverband der Automobilindustrie (RDA) den Auftrag zum Bau dieses Kleinwagens. Aufgrund der unzähligen Vorarbeiten und Prototypen, die Porsche bis dahin schon entworfen hatte, konnte bereits ein Jahr später eine Art Ur-Käfer vorgestellt werden. Ende 1935 wurden der erste und der zweite Versuchswagen in München Adolf Hitler präsentiert, der ziemlich begeistert war.

Weniger begeistert war die Konkurrenz über den neuen Liebling des Führers und die kleine Ingenieursbutze in Stuttgart, die dabei war, den vielleicht größten Auftrag der 30er Jahre zu bekommen. Die Missgunst störte Porsche kaum. Unbeirrt reist er in die Vereinigten Staaten, um dort bei Ford und General Motors zu studieren, wie effizient und zügig Kleinwagen produziert werden können. Im Mai 1937 wird in Berlin die »Gesellschaft zur Vorbereitung des Deutschen Volkswagens mbH«, kurz GeZuVor, gegründet. Ferdinand Porsche wird einer der drei Geschäftsführer und soll sich im noch zu gründenden Volkswagen-Werk um Planung und Technik kümmern.

Doch Porsche ist keineswegs mit den Anfängen von VW absorbiert und so vergrößert sich die Stuttgarter Porsche KG, wie das Unternehmen mittlerweile heißt, fortlaufend. 1938 erfolgt der Umzug nach Zuffenhausen, wo später das Porsche-Werk 1 entstehen wird. Ein Jahr vor Kriegsbeginn ist der Volkswagen fertig. Im Mai findet bei Fallersleben die Grundsteinlegung für das Volkswagen-Werk statt. Ferry Porsche berichtet, dass Hitler es gerne »Porsche-Werk« genannt hätte, aber der Geehrte dies abgelehnt hat. Darüber wurde einiges Politische hereingeheimnist, doch Porsche war auf sehr deutsche Art bemüht, dem Politischen auszuweichen. Von seinem Enkel, Ferdinand Piëch, wird er deswegen als politisch naiv »wie ein Kind« bezeichnet und als ein Tüftler geschildert, der nahezu ausschließlich an den technischen Dingen interessiert war. Er trug keine Uniformen und suchte eine pragmatische Nähe zum Nazi-Staat, ohne dabei zum begeisterten Mitläufer mutieren zu müssen. Den Führer nannte er stets »Herr Hitler«. Die Barbarei des Holocausts, die Judenvernichtung, die KZs, all das sollte in der Welt des Ingenieurs außen vor bleiben. Dabei profitierte insbesondere die deutsche Auto- und Wehrindustrie von den Zwangsarbeitern und KZ-Häftlingen, die in den Werkhallen unter menschenunwürdigen Bedingungen arbeiten mussten. Ein besonders dunkler Schatten fällt auf das Ausscheiden von Adolf Rosenberger, der kaufmännischer Geschäftsführer bei Porsche war. 1935 wurde der einst enge

Freund Porsches wegen Rassenschande verhaftet und in ein KZ gesteckt, das er aber nach wenigen Tagen verlassen konnte. Er floh daraufhin über die Schweiz nach Amerika – dank der Hilfe der Porsches, wie diese in ihren Erinnerungen behaupten. Rosenberger sah das anders. Für die von ihm an Ferry abgetretenen Firmenanteile wollte er nach dem Krieg eine Entschädigung, die er auch in Gestalt von 50.000 Mark und einem Porsche erhielt.

Der Käfer entstand in der düstersten Zeit der deutschen Geschichte und sieht so gar nicht danach aus. Er war verglichen mit den anderen Kleinwagen dieser Zeit ein eleganter, wohlproportionierter Fünfsitzer, dessen anthropomorphes Antlitz mit den Glupschaugen und der hohen Stirn alle Merkmale des Kindchenschemas aufwies und damit eine Voraussetzung für seine bald globale, jahrzehntelange Popularität war. Grimmig wirkte der Käfer nicht einmal in der schwarzen Standardlackierung. Als wüsste dieses Fahrzeug von seinem Ruhm in künftigen Friedenszeiten, blieb ihm das Herrisch-Aggressive der Mercedes-Cabriolets und Limousinen fremd. Gleichzeitig zum Kleinwagenkonzept hatte Porsche, so der Autojournalist Wolfgang Blaube, der Reichsführung auch die Idee eines Sportwagens auf KdF-Basis nahebringen wollen, doch die hatte andere Pläne. Statt der Beglückung fleißiger Kleinfamilien werden aus den Ur-Käfern erst mal Kübelwagen für die Wehrmacht gebaut. Das Porsche-Büro profitiert von der Hochrüstung, die mit Beginn des Zweiten Weltkriegs enormen Umfang annahm. In Zuffenhausen wurden Panzer, schwimmfähige Geländewagen und auch ein Volkstraktor entwickelt. Ferdinand Porsche wurde im Reichsministerium für Rüstung und Munition zum Leiter der Panzerkommission. Zuvor hatte Porsche noch im Auftrag des Volkswagen-Werks einen

Rennwagen geplant und gebaut, als dessen Herz ein hochgetunter VW-Boxer mit 33 PS schlug, der in eine extrem stromlinienförmige Karosserie gepackt knapp 150 Kilometer in der Stunde schnell war. Der Typ 64, oder auch »Berlin-Rom-Wagen«, galt als der erste kompromisslose Porsche. Er hatte die Silhouette der späteren Porsches, einen Heckmotor und ein extrem niedriges Gewicht von nur 545 Kilo. Nach dem Krieg erhielt er dann auf seiner tiefsitzenden Nase auch jenen Schriftzug mit den sieben Buchstaben, der ihn vollends zu einer Art »ersten Porsche« machte.

1943 entfernt Albert Speer als Rüstungsminister Porsche von seinem Amt als Leiter der Panzerkommission. Die Deutschen sind dabei, den Krieg zu verlieren, und die Alliierten bombardieren bevorzugt die Fabriken, in denen Panzer und Militärgerät gebaut oder entworfen werden. Das Rüstungskommando der Wehrmacht legt Porsche den Umzug nach Kärnten nahe. In Gmünd, inmitten des lieblichen Liesertals, 749 Meter hoch gelegen, werden in zugigen Hallen eines ehemaligen Sägewerks Behelfswerkstätten eingerichtet. Als der Krieg endet, übernehmen die Amerikaner das Porsche-Werk in Stuttgart, besser gesagt, was davon übriggeblieben ist, um dort ihre Lastwagen zu reparieren. In Gmünd erhält Porsche eine provisorische Erlaubnis, um die Arbeit wieder aufzunehmen und ausschließlich Ziviles zu konzipieren.

Anfang August wird Ferdinand Porsche verhaftet und von Kärnten in den östlichen Hintertaunus gebracht. Auf Schloss Kransberg war ein Vernehmungszentrum namens »Dustbin« eingerichtet worden, in dem Kriegsverbrecher und Wissenschaftler verhört wurden. Nachdem einige Zeugen für Porsche ausgesagt hatten, wurde er im September wieder freigelassen. Wenig später verhafteten ihn die Franzosen. Die Gründe für diese Verhaftung waren vielschichtig.

Louis Renault war der Kollaboration mit den Deutschen bezichtigt und seine Firma verstaatlicht worden, die Familie Peugeot versuchte – so wird spekuliert – mit Attacken auf Porsche von ihrer eigenen Zusammenarbeit mit den Nazis abzulenken. Wirklich beweisen kann man das nicht, sind doch die Akten in Frankreich für hundert Jahre gesperrt worden. Sicher ist, dass Porsche vorgeworfen wurde, Peugeot-Mitarbeiter zur Zwangsarbeit nach Deutschland gebracht zu haben.

Zusammen mit Sohn Ferry und Schwiegersohn Anton Piëch wird er zuerst in Baden-Baden verhört und am 3. Mai 1946 nach Paris gebracht, während Ferry nach dreimonatiger Haft entlassen wird, weil er nicht zur Geschäftsführung des VW-Werkes gehört hat. Der alte Porsche blieb in Haft, obwohl er unter heftigen Gallenkoliken litt. Die Franzosen in Gestalt eines Leutnants LeComte versuchten, die Idee des Volkswagens nach Frankreich zu importieren. Da die verstaatlichten Renault-Werke mit dem 4 CV eine Art eigenen Volkswagen entwarfen, nötigten sie Ferdinand Porsche zur Mitarbeit. Wie kooperativ Porsche dabei war, darüber gibt es unterschiedliche Ansichten. Im Februar 1947 werden Porsche und Piëch nach Dijon in das dortige Gefängnis transferiert. Dem 71-Jährigen geht es zusehends schlechter. Als sich die politische Großwetterlage in Paris ändert und die Kommunisten aus der Regierung scheiden, verliert Peugeot die Furcht vor der Verstaatlichung und nimmt die Vorwürfe gegen Porsche zurück. Doch Porsches Traum, seinen Volkswagen in Deutschland als oberster Werkschef zu produzieren und auf den Markt zu schieben, ist ausgeträumt.

1946 rollt in dem nun Wolfsburg getauften Produktionsort des Volkswagens der erste Käfer vom Band. Für jeden VW sollte Porsche zunächst eine Reichsmark Lizenzgebühr erhalten, wenig später waren es dann fünf Mark. Diese Einnahmequelle wurde für Porsche nicht nur eine entscheidende Starthilfe auf dem Weg zur eigenen Unabhängigkeit, sondern auch eine Art heimliche Lebensversicherung, wenn der mitunter labile Markt für Sportwagen dünnere Umsätze erzeugte oder aber eine wichtige Neuentwicklung für die Serien oder den Rennsport hohe Entwicklungskosten verursachte. Bei Analyse des Umfangs jenes Porsche-Know-hows, den VW für den Bau seines Bestsellers nutzte, weiß man, dass die Lizenzgebühr eher knapp ausgefallen war. Bis in die 60er Jahre hinein beschränkten sich die Ingenieure in Wolfsburg darauf, die Vorkriegsideen von Ferdinand Porsche und seinem Team zu aktualisieren.

Zur selben Zeit wird in Gmünd auch wieder an Autos gebastelt. Ein Schweizer Auftrag zur Entwicklung eines viersitzigen Personenwagens erhält die Typennummer 352 und sieht in seiner Urform dem 356er schon ziemlich ähnlich. Entworfen hat ihn Erwin Komenda, der seit den ersten Tagen bei Porsche gearbeitet hat und der für die Konstruktion von Karosserien zuständig war. Designer gab es damals keine. Die Form folgte der Funktion wie selbstverständlich. Die Aluminiumkarosserieteile des ersten 356ers wurden Anfang 1948 in Handarbeit über einem Holzblock in Form gehämmert. Komendas Routine und sein Formgefühl verliehen dem ersten Porsche den für die Technik passenden Ausdruck. Auch die Bescheidenheit des Karosseriebauers passte gut in das junge Unternehmen und noch besser in die Zeit. Das größenwahnsinnige, flaggenumwehte, säulenbewehrte Deutschland war untergegangen und mit ihm die Neigung zur übergroßen Geste. Die ersten Porsche-Karosserien waren stolze Demutsgesten voller Eleganz. Ferry Por-

sche, der in Gmünd während der Abwesenheit des Vaters zur Unternehmerfigur reifte, entwickelte ein Gefühl für die Zeit wie für die Formen, die dazu passten. In ihm schlummerte Künstlerisches. Er aquarellierte heimlich und hätte sich auch vorstellen können, Architekt zu werden.
Beim Urmodell des 356ers war der Motor noch in der Mitte plaziert, aber mit der Serienproduktion landete das Vierzylinder-Triebwerk im Heck. Der 356er hatte etwas Schmuckloses und Nüchternes. Er verweigerte die großen Gesten. Er war flink und kompakt: eine Antithese zu den mächtigen Kompressor-Mercedes der Nazis, die dem Atelier von Arno Breker entsprungen schienen. Der Porsche 356 wollte von alldem nichts wissen. Er war der Volkswagen für die Spitze des Volkes, aber mit dem Ganzen in engem Kontakt – mit ihm untrennbar verwoben und verbunden. Aus ihrem Metall geschraubt, nur mit etwas mehr Feinheit und Akkuratesse. Es war Brancusi statt Breker. Es war ein Bruch mit dem Zeitgeist der Nazis und eine Herausforderung für den aufziehenden Zeitgeist, in dem ein Luxusgut wie ein Sportwagen im Wiederaufbau-Calvinismus eher keinen Platz zu haben schien. Der frisierte Käfermotor zeigte, dass hinter dem Brot-und-Butter-Leben mit etwas mehr Leidenschaft ganz andere Dinge möglich waren.
Die Auftragsarbeit zur Entwicklung eines Grand-Prix-Fahrzeuges für Cisitalia verbesserte die Finanzlage von Porsche so grundlegend, dass Ferry Firmengründer Ferdinand und dessen Schwager Piëch für eine Million Franc Kaution aus dem Gefängnis holen konnte. Von der Haft gebrochen kehrte der einst so autokratische wie stolze Patriarch nach Gmünd zurück. Als er den 356er fast in Serienreife sah, hatte er daran so gut wie nichts mehr auszusetzen. Dass sein Sohn Ferry nun das Kommando bei Porsche führte, erfreute

den durch die Gefangenschaft sehr geschwächten Ferdinand. Obwohl so viel von dem ersten Porsche auf seinen Vorarbeiten beruhte, war das Fahrzeug vor allem ein Produkt nach der Vorstellung des jungen Ferry. Der hatte bei der Rückkehr des Vaters schnell gemerkt, dass dieser zur Mitarbeit nicht mehr in der Lage war. »Ich war auf mich allein gestellt«, bemerkte er knapp. Aber das hatte auch sein Gutes. Der Porsche war ganz sein Automobil. Die Aerodynamik wurde mit einfachsten Mitteln optimiert, so erinnert sich Ferdinand Piëch daran, wie ein mit Fäden beklebter Prototyp des 356ers denkbar zügig unter einer Brücke durchfahren musste und von oben von Ferdinand Porsche und dem Ingenieur Josef Mickl fotografiert wurde. Schon im Juni 1948 wird mit dem »Roadster Gmünd« der erste echte Porsche zugelassen, der wenig später in Innsbruck bei einem Autorennen demonstriert wird, 600 Kilo schwer und 130 Kilometer pro Stunde schnell. Die ersten Bestellungen folgen.

Mit der Gründung der Bundesrepublik startet Porsche offiziell seine Produktion. Das Firmenmotto »Fahren in seiner schönsten Form« war ein ästhetisches Versprechen und eines, das direkt in der Nachkriegszeit weniger von vordergründiger Nützlichkeit sprechen wollte als vielmehr von einem idealischen Genuss. Porsche wurde für die schwärmerischen Deutschen, aber nicht nur für die, unmittelbar nach seinem ersten öffentlichen Auftreten ein Sehnsuchtsort, eine Marke für Träume in einer Zeit, die eigentlich davon lebte, dem Schrecken der Vergangenheit entkommen zu wollen. Das ging im 356er natürlich auch. Der Porsche-Trick bestand in der Geste der Bescheidenheit und Zurücknahme. »Uns schwebte«, so sollte sich Ferry Porsche in seiner Jubiläumsansprache 1974 erinnern, »ein kleines, wendiges, leichtes Fahrzeug vor, das die Leistungen eines großen, leistungsstarken Wagens übertreffen sollte.« Darin verpuppt war auch eine politische Pointe. Auch im Inneren des Ur-356ers hätte es spartanischer nicht aussehen können. Leder und Stahl wurden flächig verteilt wie in einem Labor oder einer Klinik. Es war ein kühles, ungemütliches Fahrzeug – sachlich bis zur Übertreibung.

Geplant waren in aller Bescheidenheit zunächst 50 Exemplare. Die Produktionsbedingungen in Gmünd waren absurd. Ein für die damalige Zeit hochinnovativer Sportwagen wurde zwischen Bergen abseits jeder Infrastruktur produziert. Die Fahrzeuge wurden unter freiem Himmel lackiert und hatten, so behaupten Experten, deswegen unsaubere Stellen. Es war schnell klar, dass die Firma nur dann Bestand haben würde, wenn sie in eine größere Stadt umzog. Zudem drohte dem deutschen Unternehmen in Österreich die Enteignung. Für die Porsches hieß Umzug, ganz selbstverständlich, dass es zurück nach Stuttgart gehen müsse. Da die amerikanischen Besatzungssoldaten die alten Porsche-Hallen in Zuffenhausen in Beschlag genommen hatten, schlüpfte die kleine Sportwagenmanufaktur in der Karosseriefabrik Reutter unter. Die dort gefertigten 356er waren die letzten, die der alte Ferdinand Porsche noch zu sehen bekam. Den ersten hatte er genauestens inspiziert, zuletzt auf einem Hocker vor dem Coupé sitzend. »Die Karosserie muss zurück in die Werkstatt«, erklärte er. »Sie stimmt nicht, sie ist nicht symmetrisch!« Der Alte hatte recht, wie das Ausmessen zeigte, die Karosserie war nach rechts gerutscht, um ganze zwei Zentimeter. Mit diesem Präzisionsinstinkt hatte Porsche sein Leben bestritten, jetzt war es an dem Sohn, dieses Erbe anzunehmen. Das Erbe wurde angetreten, der Ort war wie ein Schwur. Die Führungskräfte arbeiteten von der Privatvilla der Porsches aus, exakt in jenen Räumen, wo die Idee des Volkswagens geboren wurde. Professor Albert Prinzing, der erste Prokurist der Firma Porsche und ein Schulkamerad von Ferry, erinnert sich lachend daran, wie im ehemaligen Zimmer der Köchin auf 18 Quadratmetern die Führungsriege von Porsche zusammengedrängt arbeitete. Die Besprechungen wurden im Hof abgehalten, drinnen war kein Platz.

1949 entsteht in Gmünd ein Schnappschuss, der viel erzählt und noch mehr vorausahnen lässt. Der alte, milde dreinblickende Übergroßvater Ferdinand hält das Modell eines 356er-Roadsters in der Hand, neben ihm sitzen seine Enkel Butzi und Burli. Der eine wird 13 Jahre später den Elfer entwerfen, der andere dessen Sechszylinder-Boxer veredeln. »Butzi« hieß eigentlich Ferdinand Alexander Porsche und war der Lieblingscousin von Ferdinand Piëch. Gemeinsam nehmen die beiden jungen Männer aus dem Clan die Herausforderung an, dem Genius dieser Familie irgendwie gerecht zu werden. Die Psychologie spricht von der Delegation, die Eltern oft genug unbewusst ihren Kindern übertragen: ein Auftrag, dem Vermächtnis gerecht zu werden, und häufiger noch, zu vollenden, was die Eltern erstrebt hatten, aber nicht zu Ende bringen konnten. »Ich wurde«, so erinnert sich Ferry Porsche, »mit Benzin aufgezogen und bin vom Automobil mein Leben lang nicht mehr weggekommen.« Für Ferry wurde die Fabrik von Austro Daimler zum Spielplatz, mit elf Jahren erhielt er ein Kinderauto mit einem luftgekühlten Zweizylinder-Motor, der sechs PS hatte und für eine Spitzengeschwindigkeit von 60 Kilometern pro Stunde gut war. Wenig später nahm er mit seinem Mini-

Austro-Daimler an einem Geschicklichkeitsturnier des Wiener Automobilclubs teil und fuhr die schnellste Zeit.

Anekdoten wie diese gibt es viele in der Familiengeschichte der Porsches und Piëchs. Insofern kann die Geschichte der Porsches als die einer Kettendelegation gelesen und verstanden werden. Ferdinand übertrug an Ferry und Ferry an Ferdinand Alexander. Ähnlich geschah dies bei Ferdinand Piëch. Die Anerkennung des Vaters, notierte die eingeheiratete Susanne Porsche in ihrer opulenten Hommage »Ferrytales«, war allen Söhnen sehr wichtig, »wenngleich diese häufig nur still gezeigt wurde und für die Söhne auch manchmal schwer erkennbar war«.

Als die Porsches nach Stuttgart umziehen, kehrt Ferdinand Alexander an jenen Ort zurück, an dem er 1935 geboren wurde – als erster Sohn von Ferry Porsche und seiner großen, einzigen Liebe Dodo: in die Villa am Feuerbacher Weg. Die ganze Familie lebte damals noch unter einem Dach und funktionierte deswegen wie eine Art genetisch verwobenes Exzellenzcluster, in dem das Wissen über den Automobilbau vom morgendlichen Frühstück bis zum abendlichen Kamingespräch den Alltag wie selbstverständlich dominierte. Wenn Augustinus recht hat und das Leben der Eltern das Buch ist, in dem die Kinder lesen, dann war beim Porsche-Nachwuchs die Fokussierung auf Ideen und Ziele der Eltern und Großeltern unausweichlich. Die Weiterentwicklung des Porsche 356 war demnach neben der wirtschaftlichen Notwendigkeit auch eine verinnerlichte Mission der beiden Heranwachsenden. Wohl nur deshalb konnten sowohl F. A. Porsche als auch Ferdinand Piëch in derart jungen Jahren in der Entwicklung des Elfers einen so entscheidenden Einfluss bekommen. Die Ausbildung und Befähigung dazu erhielten sie von Kindesbeinen an.

Emanzipation, Aufruhr und Noblesse: die Welt der Porsche-Fahrer

Am Anfang war Porsche eine Sache von ganz wenigen. Porsche-Fahrer zu sein war demnach etwas vollkommen anderes als heute, Anfang des 21. Jahrhunderts. Wer den Mythos Porsche verstehen will, muss wissen, wer dessen erste Anhänger und Propagandisten waren. Es waren Selfmade-Wohlhabende und in Reichtum Geborene, die aber allesamt vom Leben etwas wollten, was zu diesem Zeitpunkt selbst geschaffen werden musste. Es waren Unruhegeister, Aktivisten, Getriebene, Macher, Abenteurer, Weltveränderer, Genießer, Connaisseurs. Geschwindigkeitsverliebte. Individualisten.

Die von Krieg und Zerstörung verschonte Schweiz wurde zum Pioniermarkt von Porsche. Den ersten Serien-356er kaufte Jolanda Tschudi, eine denkbar weit vom Mutterkreuz emanzipierte Frau, die als Segelfliegerin Rekorde aufstellte und als Kopilotin abenteuerliche Afrika-Expeditionen erlebte, inklusive sieben bedrohlicher Notlandungen. Der drahtige, kleine Sportwagen sprach Individualisten an, die für eine Souveränitätsgeste keine barocken Dimensionen benötigten. Frauen waren von Anfang an dabei. Der Porsche wurde auch zur Emanzipationsfortbewegung genutzt. Die Zierlichkeit des Porsche kam ohne Machismen aus. Es waren sportliche, selbstbewusste, zum Teil tomboyliche Damen mit einer aufreizenden Natürlichkeit, die ihre eigene Rolle nicht von der Gesellschaft definiert wissen wollten, sondern von sich selbst. Sie waren in jeder Hinsicht unabhängig, natürlich auch finanziell. Als Draufgängerinnen und Hasardeusen traten sie bei Autorennen an und besiegten oft genug Männer, die mit dieser Schmach damals ähnlich schlecht umgingen, wie es ihre Geschlechtsgenossen auch 70 Jahre danach noch tun.

Gilberte Thirion hatte ein Model als Mutter und einen rennsportvernarrten Industriellen als Vater. Bei ihren ersten Rennversuchen in einem Porsche 356 SL saß ihr Vater auf dem Beifahrersitz und assistierte seiner mutigen Tochter. Das war Anfang der 50er Jahre für einen erfolgreichen Geschäftsmann eine durchaus unübliche Rollenverteilung, die aber gut in das Bild jener privilegiert liberalen Milieus passte, in denen Porsche seine ersten und zunehmend treuen Kunden fand. Thirion arbeitete als PR-Frau für Champion-Zündkerzen und überraschte Journalisten mit einer Sachkenntnis, die damals eher frauenuntypisch war. 1953 verunglückte sie bei einem Rennen in Frankreich schwer, lag über einen Monat im Krankenhaus und musste danach noch einen Monat im Bett bleiben, doch ihre Leidenschaft zur Raserei war damit nicht kuriert. Wie viele Motorsportler dieser Zeit fuhr Thirion nicht nur Straßenrennen, sondern auch Rallyes. Im Jahr 1954 teilte sie sich mit Annie Bousquet, geborene Schaffer, einen Gordini Roadster für eine Rennsaison. Die gebürtige Wienerin hatte noch etwas Wüsteres an und in sich als ihre Freundin. Ihren französischen Mann lernte sie kennen, als dieser Häftling in Österreich war, und für den Rennsport begann sie sich zu interessieren, als sie nach einem Skiunfall in Sestriere an der Hotelbar den damals schon berühmten Rennfahrer Alberto Ascari kennenlernte, der sie von der Stelle weg als Beifahrerin für eine Rallye engagierte. Wie Thirion trat Annie Bousquet bei Rallyes und Rundstreckenrennen an. Beide Motorsportlerinnen interessierten sich wenig für die männlichen Erwartungen an sie, sondern schufen unbeeindruckt von ihrer männlichen Konkurrenz ihren eigenen Stil: beim Auftreten wie beim Fahren. Als müssten sie Simone de Beauvoirs zu dieser Zeit heftig diskutierte Thesen über die soziale und kulturelle Konstruktion der Frau kontrapunktisch ergänzen, dekonstruierten sie die Rolle der Frau wie des Rennfahrers gleichermaßen und fügten sie zu einem neuen Konstrukt zusammen. Diese Frauen weigerten sich, für Männer rechts ranzufahren, sich freiwillig überholen zu lassen oder gar auf einen Start zu verzichten. Sie bremsten auch für Männer. Mehr nicht. Wenn man nicht als Frau geboren wurde, sondern dazu gemacht wurde, dann war Widerstand Pflicht – und gerade auf dem Paradefeld patriarchaler Heroik von symbolischer Relevanz. Es ist die Zeit, als die junge Margaret Thatcher, obwohl schon bei den Tories engagiert, bei Abendessen in großbürgerlichen Villen als Frau aus dem Salon geschickt wird, wenn die Männer beginnen, sich über Politik zu unterhalten. Es ist der Anfang vom Ende der Alleinherrschaft der Männer.

Motorsport war zu dieser Zeit noch ein ziemlich tödliches Abenteuer. Annie Bousquet stellte mit ihrem 550 Spyder einen Geschwindigkeitsweltrekord auf und verunglückte beim Versuch, einen Stundenrekord dranzuhängen, durch einen geplatzten Reifen bei Tempo 230 Kilometer pro Stunde. Schon zwei Jahre zuvor hatte sie nach einem heftigen Rennunfall einen Monat im Krankenhaus gelegen. Ihr Mann Pierre war wenig später bei einem Autounfall tödlich verunglückt. Im Juni 1956 nahm sie am 12-Stunden-Rennen von Reims teil und entschied sich, vor dem Rennen nach Zuffenhausen zu fahren, um ihren heißgeliebten (flieder) blauen 550er richtig einstellen zu lassen. Direkt nach der Wartung stieg sie in den Wagen und fuhr zurück nach Reims. Als das Rennen startete, hatte sie eine, wenn nicht sogar zwei Nächte hintereinander nicht geschlafen. In der 17. Runde kam sie mit ihren linken Vorder- und Hinterreifen von der Strecke ab, der Spyder brach aus, überschlug sich und flog mit hoher Geschwindigkeit in die gemähten Getreidefelder. Annie Bousquet wurde aus dem Porsche gerissen und brach sich das Genick. Obwohl sie schnell ins Krankenhaus transportiert wurde, konnte dort nur noch ihr Tod festgestellt werden. Die Bilder des zertrümmerten Spyder mit der Nummer 32 zeigen, dass Bousquet wohl keine Chance hatte, diesen Unfall zu überleben. Das Wrack erinnert stark an den zerfetzten Wagen von James Dean, der ein Jahr zuvor im gleichen Porsche ums Leben gekommen war. Bousquets Freundin und Rivalin Gilberte Thirion beendete nach diesem Todesfall ihre Rennkarriere. Einige Beobachter vermuteten, dass Bousquet nach dem Unfalltod ihres Mannes – ziemlich romantisch – noch waghalsiger gefahren war als davor. Die ausschließlich männlichen Rennsportfunktionäre in Frankreich nutzten den Tod der Sportlerin, um danach Frauen ab sofort von allen großen Rennen in Frankreich auszuschließen. Erst 1971 wurde dieses Verbot aufgehoben.

In der Außendarstellung der Firma Porsche wurde in Katalogen, auf Werbeplakaten und bei Messen ein biederes Rollenbild der Frau gepflegt. Frauen tauchten eher als Accessoire denn als Bändigerinnen der potenten Sportwagen und Männerträume auf. Nur in der Porsche-Zeitschrift »Christophorus« wurden Porsche-Amazonen ohne chauvinistische Untertöne vorgestellt. Schon auf dem ersten Cover 1952 wird eine sportliche, emanzipierte Frau gezeigt, die ihren Porsche abseits der Piste in den Schnee parkt, um sich die Skier anzuschnallen. Sie hat dunkle Haare, zu einem strengen Pferdeschwanz zurückgebunden, trägt einen bunt gestreiften Pullover, eine klassische Sonnenbrille und einen Lippenstift, der so rot ist wie die Ledersitze des Porsche. Sie hat nichts von jenem blonden fügsamen Mutterbild der Nazis und wenig von der funktionalen Kargheit der Trümmerfrauen. Diese Frau braucht keinen Mann, weder einen, der sie im Lift auf den Berg begleitet, noch einen, der ihr den steilen Weg ins Tal weist. Es ist kein Ehering zu sehen, keine Kinder, diese Frau hat sich ihren Porsche selbst gekauft und sie nutzt ihn, um die Autonomie zu vergrößern, abseits der Straßen und ausgetrampelten Rollenbilder.
Diese Frauen gab es nicht nur als PR- oder Magazin-Fantasie, sondern logischerweise auch in der Realität. So eine wie die promovierte Medizinerin Hedda Heuser, die mit 35 Jahren als jüngste Parlamentarierin 1962 für die FDP in den Bundestag einzieht. Die großgewachsene ehemalige Leistungssportlerin fordert ihre Zeit heraus. Früh plädiert die Medizinerin für eine unverklemmte Sexualaufklärung nach skandinavischem Vorbild. Das Life-Magazin macht sie mit einem großen Porträt in Amerika berühmt, die »Zeit« nennt sie daraufhin 1964 das »Glamour-Girl« der deutschen Politik. Fast ein wenig stereotyp wird in Porträts der Liberalen

stets herausgestrichen, dass Frau Dr. Heuser einen Porsche fährt, modernen Goldschmuck trägt und einen Pelzmantel. In der biederen, keifend egalitären Bonner Republik war sie Botschafterin liberalen Freisinns und eine kultivierte Provokation zugleich. Hochtourig machte sie sich als Präsidentin des Ärztinnenverbandes daran, die Chancen für ein emanzipiertes Leben auch für ihre Kolleginnen zu erstreiten. Es ging um Teilzeitweiterbildung, Wiedereingliederung, Vereinbarkeit von Familie und Beruf. Sie raste durch ihr engagiertes Leben und in »Christophorus« gestand sie, dass sie gerne schnell fährt. Das passte nur zu gut.

Überraschend kommt der erste Katalog des Elfers, damals noch 901 genannt, auch ohne Mann am Steuer aus. Doch die blonde Dame, die wie eine schwäbische Doris Day in ihrem nachlässig androgynen Outfit zwischen karierten Koffern und Taschen vor der geöffneten Kofferraumhaube steht, wirkt eher wie die Ehefrau, die für den Wochenendtrip packt, als wie eine Amazone der Überholspur. Schon bei der Werbung für den 356er wird die Frau auf die Trophäe des Mannes reduziert. »Auf dem Tennisplatz sah ich neulich eine junge Dame mit fein geschnittenen Zügen«, ich-erzählte es 1960. »Bildhübsch gewachsen. An der Leine hielt sie zwei Windhunde. Und dann stieg sie in einen PORSCHE ein. Wunderbares Bild, sagte ich mir. Kann auch gar nicht anders sein: Rasse unter sich; sie verrät sich durch Schönheit und Qualität.« Da waren die Konsumenten weiter und besonders »Christophorus«-Chefredakteur Richard von Frankenberg, ein progressiver Adliger, achtete in seiner Regentschaft bis zu seinem Tod 1973 darauf, dass der bürgerliche Biedersinn zumindest in der Firmenzeitschrift nicht wucherte.
In der offiziellen Porsche-Kommunikation findet die Frau

ihren Platz auf dem Beifahrersitz, gerne den männlichen Fahrer bewundernd, oder beim Streicheln des Fahrzeugs als eine erotische Praktik an der automobilen Prothese des geliebten Mannes und Ernährers. Einen Tiefpunkt dieser bestenfalls archaischen Weltsicht bietet die Kommunikation zum Porsche Carrera RS, einem vermeintlichen Männerauto. Da heißt es in der Anzeige 1972: »Der Porsche Carrera RS: Nur 500 Männer werden ihn fahren.« Drei Jahre später ziert ein roter Lippenstift das Heck eines Carrera. Dabei identifizierten auch berühmte, zum Teil offen homosexuell lebende Frauen wie Jil Sander, Gräfin Dönhoff oder Martina Navrátilová im Elfer jene Freiheitsmöglichkeiten, die im egalitären Volksmund gerne noch als maskuline Vorherrschaft begriffen wurden. Der Schriftsteller Ralf Bönt, der 2012 mit »Das entehrte Geschlecht« ein umstrittenes Manifest für den Mann schrieb, freute sich, als ihn die Gleichstellungsbeauftragte der Stadt Ulm in einem Elfer vom Bahnhof abholte, um ihn zur Lesung zu fahren. Er: »Schicket Auto.« Sie: »Die Autos kauft mein Mann. Ist aber praktisch, hat nämlich Allrad.« Die Frau habe auch sonst Stil gehabt, ergänzt Bönt, der vor seinem Physikstudium eine Lehre als Kfz-Mechaniker gemacht hat. Für Bönt ist es nur eine Frage der Zeit, dass ihn bald mehr Frauen fahren als Männer, weil das wie einst das Rauchen als Zeichen der Emanzipation und der Freiheit gilt. Zudem verschieben sich die ökonomischen Realitäten. In den USA verdienten 2010 in der Gruppe der unverheirateten Kinderlosen unter 30 die Frauen schon 12 bis 25 Prozent mehr als die Männer.

Eine ebenso bedeutsame wie prägende Anfangsklientel waren Adlige. Der erste internationale Rallyetriumph in Gestalt eines Doppelsieges bei der Mittsommerrallye in Schweden war zwei blaublütigen Teams zu verdanken. Erbprinz Joachim zu Fürstenberg siegte mit Graf Berckheim und Prinz Fritzi zu Fürstenberg wurde mit Graf Hardenberg Zweiter. Die nächsten Siege gingen auf das Konto von Huschke von Hanstein, Paul von Guillaume und Graf von der Mühle. Die beiden Letzteren lassen sich vor ihrem silbernen 356er in kurzen Hosen mit engem T-Shirt und Seidenschal mit ihren hageren Oberkörpern fotografieren. Ihr Aufzug und ihre Körper erinnern eher an Boheme und Universität als an Herrenhaus oder Schloss. Im Porsche zeigte sich der Adel von seiner modernen Seite. Auf der anderen Seite waren Gentlemen wie Huschke von Hanstein Stilikonen, die der sportlichen Lässigkeit des Porsche-Sportwagens eine Weltläufigkeit gaben, die dem oft sehr schwäbischen Ingenieurgeist nicht sonderlich wichtig war.

Zugleich war der Porsche eine ziemlich analoge Mechanisierung des herrschaftlichen Ausrittes zu Pferd. Die Dünne der zivilisatorischen Schale ließ besonders im Cabrio ein romantisches Naturerlebnis wie auf dem Rücken der Pferde zu. So beschreibt es auch Donald von Frankenberg in den Erinnerungen an seinen Vater Richard. »Dem deutschen Adel gingen die Pferde aus: Der Gotha fährt 356«, titelt er über dem Kapitelchen zur Porsche-Neigung der Adligen, die ihren Sportwagen nahezu allesamt zum Motorsport nutzen. Der bodenständige Stuttgarter Werksfahrer Hans Herrmann erinnert sich, dass ihm Porsche manchmal wie ein Adelsclub vorgekommen sei.

Der Porsche 356 war ein unprätentiöser Sportwagen. Ferry Porsche schrieb, dass Porsche ohne seine Adligen, »V.I.P.s«, wie er sie nannte, nie so erfolgreich geworden wäre. In seinen Memoiren klingt der Stolz über seine royalen Käufer durch. Dass der ägyptische Prinz Abd el-Moneim 1949

eines der ersten Leichtmetall-Coupés kauft, freute ihn ebenso sehr wie die Gefolgschaft nobler Herrenfahrer wie Prinz Bertil von Schweden und Fürst Paul von Metternich-Winneburg.
Auch der Ruhradel liebte Porsches. Alfried Krupp von Bohlen und Halbach kaufte ab 1952 jedes Jahr das jeweils neueste Porsche-Modell, das angesichts seiner Körper- wie Kontogröße fast ein wenig zu bescheiden wirkte. Dass Krupp lieber selbst in seinem kleinen Flitzer fuhr, als sich in der standesgemäßeren Strecklimousine von Daimler chauffieren zu lassen, passte gut zu diesem Typus Unternehmer und ebenso in diese Zeit, in der die Deutschen möglichst ohne allzu großen Tand die Schande der Nazi-Barbarei wie der zwei verschuldeten Weltkriege mit ihrer Hände Arbeit wieder vergessen machen wollten. Krupp konnte – so berichtet der Journalist Wolfgang Mache – von seinem Chefbüro im dritten Stock stets auf den Parkplatz Nummer 1 der Krupp-Verwaltung blicken, wo ein Porsche mit dem Nummernschild E-RZ stand. Sein letzter Kauf war, wie Ferry traurig erinnert, ein Elfer mit dem Nummernschild E-RZ 3. Für Ferry Porsche auf Augenhöhe zu diesen besonders noblen Menschen war nur mehr eine berühmte Frau: Madame Claude Pompidou. Sie besaß zuerst einen 356er, dann einen Elfer, bevor ihr Mann Staatspräsident wurde. Auf dem Pariser Automobilsalon verschaffte diese Leidenschaft Ferry Porsche ein ungewöhnliches Geständnis des damaligen Präsidenten. »Wir sind eigentlich alte Freunde, Monsieur. Meine Frau hat zwei Ihrer fabelhaften Autos gefahren!«

Gab es außer der sozialen Privilegierung einen gemeinsamen Nenner? Glaubt man den historischen Dokumenten, war es der Bodymass-Index. Die Sehnig- und Drahtigkeit seiner Kunden fand ihr mechanisches Gegenüber in der Leichtigkeit des Fahrzeugs. »Was gar nicht geht«, so der Schriftsteller und Elfer-Fahrer Ralf Bönt, »ist Schmerbauch im 911er.« Für Bönt besitzt der Elfer einen ästhetischen wie ethischen Imperativ: »Du musst ihn schon so kleiden wie er dich.«

Im unaufgeregt Muskulösen entdeckten sich die ersten Porsche-Kunden wieder. Die Biopolitik des Sportwagens präferiert leichte, drahtige Menschen. Rennfahrer sind in der Regel signifikant kleiner als der Bevölkerungsdurchschnitt. Für übergewichtige Menschen ist ein Sportwagen meist eine Zumutung. Das galt und gilt eingeschränkt auch für den Porsche 356 und den 911er. Obwohl die Platzverhältnisse im Vergleich mit einem Zweisitzer wie dem 550 Spyder geradezu üppig sind, ist die Idee des kompakten und leichten Sportwagens auch eine Festlegung über die Körperlichkeit des Fahrers und Beifahrers, die Kinder auf den Notsitzen seien in diesem Zusammenhang gar nicht erwähnt. Wer wie Ferdinand Piëch einen Leichtbau-Fetisch pflegte, konnte aus psychischer Konsequenz ein dickes Selbst wohl kaum ertragen. Hinzu kommt die Definition des Porsche als Sportwagen, der besonders in den Anfangsjahren auch als Motorsportgerät genutzt wurde. Da die Sportwagen zu dieser Zeit keinerlei entlastende Fahrassistenz-Systeme hatten, war Motorsport kräftezehrend bis in den Schmerzbereich hinein.

Während sich der Wohlstand in Deutschland wie auch im Rest des Westens in den 50er Jahren zügig vermehrt und mit ihm Wohlstandsbauch und Doppelkinn als Statussymbole eines genussvollen Lebens auftauchen, entwirft Porsche ein anderes Bild von sich und seinen Kunden, das auch von den

Vertretern der Familie Porsche verkörpert wird. Weder Ferry, noch seine Söhne, noch der stets asketisch wirkende Ferdinand Piëch zeigen auch nur Ansätze einer Wohlstandsverdickung. Auch die adligen Motorsportler und Firmenrepräsentanten, welche die Marke nach außen hin vertraten, wie Huschke von Hanstein oder Richard von Frankenberg, verströmten ritterliche Eleganz – bei allen Unterschieden. Huschke von Hanstein war begeisterter Nazi gewesen, ein SS-Mitglied und hatte deren Runen als Rennfahrer auf seinen BMWs unübersehbar dekoriert. Von Frankenberg war der Sohn eines jüdischen Schriftstellers, der von den Nazis 1945 zum Tode verurteilt wurde und in letzter Minute nach England fliehen konnte. Von Frankenberg, Spitzname »Schreckensteiner«, gehörte mit seinem waghalsigen Fahrstil und den vielen, zum Teil schrecklichen Unfällen zum Heroenensemble von Porsche, das der Marke bei aller Popularisierung ihren rasenden Intensitätskern erhielt. Zum Stil dieser rasenden Adligen gehörte eine athletische Selbstpflege. Porsche war ein Exerziergerät der Existenzkünste, im Sinne des französischen Philosophen Michel Foucault. Foucault war selbst Sportwagenfahrer und so ließe sich seine Idee des Lebens als Werk, das Schönheit und Stil zulässt, auch in Sachen Fortbewegung autobiographisch als eine Art individualisierte Befreiungsgeste werten – eine Emanzipation von der Biopolitik tumber Normierung.

Früh stoßen auch Mavericks und Exzentriker zum Kundenstamm von Porsche. James Dean verknüpfte seinen Freiheitsdrang bereits in jungen Jahren mit dem motorisierten Bewegungsdrang. Der Pop-Existentialismus des Schauspielers, seine rastlose Melancholie hatten in den beiden im Todesjahr gekauften Porsches Objektgestalt erhalten. Der Mythos Dean war der einer forcierten Todessehnsucht, die in einem Unfall auf dem Weg zu einem Autorennen ihr allzu passendes Ende finden sollte. Genaue Untersuchungen ergaben aber, dass James Dean auf der California State Route nicht willkürlich oder gar hasardeurhaft in der Abenddämmerung den Ford des 23-jährigen Donald Turnupseed rammte, sondern weil dieser Dean die Vorfahrt genommen habe. Er habe den Porsche von Dean nicht kommen sehen, erklärte Turnupseed später. Das wiederum zahlte auf den Porsche-Mythos ein, ist der 550 Spyder doch ein kompaktes, flaches und für damalige amerikanische Auto-Blechberge vergleichsweise überschaubares Gefährt. Zudem hatte Dean die Scheinwerfer nicht eingeschaltet. Ungebremst krachte Dean in den Ford, sein Beifahrer Rolf Wütherich, der Porsche-Mechaniker, brach sich Beine und Kiefer. James Dean verstarb noch an der Unfallstelle. Das Foto des zerschmetterten 550ers ging um die Welt und kündete von der Verletzlichkeit des Rasers, wenn er in einem derart fragilen, zur damaligen Zeit hochmotorisierten Gefährt unterwegs war. Deans Geschwindigkeit war beim Unfall alles andere als selbstmörderisch. Er fuhr zwischen 55 und 60 Meilen in der Stunde.

Die Alltagsmythologie machte aus dem Unfall eine Variante des russischen Roulettes. Überliefert wurde der letzte Satz »Der muss mich doch sehen« und damit die Sturköpfigkeit jenes Hollywoodstars, der Regisseure bis zur Weißglut reizen konnte. Auf der hinteren Motorhaube direkt unter dem Porsche-Schriftzug stand in Schreibschrift lackiert »Little Bastard«, Deans Spitzname am Set von »Giants«.

Mit einem existentialistischen Cowboy und showtauglichen Rebellen hat Porsche die individualanarchistischen Hedonisten und Selbstdarsteller für sich eingenommen. Es waren

Menschen, die sich nur schwer oder gar nicht anzupassen schienen und doch mit dem Porsche eine Marke für sich entdeckten, die Etabliertheit und das Ungesettlet-Sein gleichermaßen bedienten. Was mit James Dean begann und von Andreas Baader bis in die Katastrophe gelebt wurde, findet kurz vor dem 50. Geburtstag des Porsche 911 in der Hymne eines von Kopf bis Fuß tätowierten, glatzköpfigen, 150 Kilo schweren Gangster-Rappers namens Rick Ross seinen Ausdruck, der im Porsche ein Symbol seines Bestehens im »survival of the fittest« sieht. Der im Jahr 2012 veröffentlichte Song »911« und sein Video, das wie eine afroamerikanische Paraphrase einer sonst eher weißen Porsche-Werbung wirkt, beschreibt ein Lebensgefühl grenzenloser Freiheit und gleichzeitig das damit verbundene Angekommen-Sein – angekommen allerdings in etwas, was die eigene innere Unruhe, den inneren Motor, den rastlosen Antrieb kitzelt, agitiert, verschärft, anspitzt. Bei Rick Ross ist »911« eine Zahl des Teufels, der inneren Dämonen im Kampf um Status, Anerkennung, Überlegenheit und rechtsfreien Genuss. Der »911« wird zu einer jener Waffen, mit dem sich Gangster-Rapper schmücken, um die eigene Risikoneigung am Leben zu behalten.

Der lange Weg zum Elfer

Als Ferdinand Alexander Porsche 1958 in den Familienbetrieb eintrat, füllte er eine Lücke, die bislang als solche von dem Unternehmen noch gar nicht erkannt worden war. Ein Designer schien – sehr protestantisch – eher ein Kostenfaktor denn ein Renditebringer zu sein. So begann Ferdinand Alexander seine Designertätigkeit im Konstrukteursbüro als Exot. Doch weil er seine Kindheit in, auf oder neben Porsches verbracht hatte, die Fabrik wie sein Kinderzimmer kannte und vom Vater jede Menge Wissen vermittelt bekommen hatte, blieb der Jüngling nicht lange Außenseiter, sondern wurde ernst genommen. Sein Bruder Wolfgang, der als Internatsschüler nur am Wochenende den Diskussionsrunden beiwohnen konnte, erzählt, dass es für die Familie Porsche einen Feierabend nicht gab – und schon gar nicht, als es darum ging, den 356er zu ersetzen, ohne die Gusseisernen zu vergraulen. Vielleicht war die Sozialisation in jenem familiären Exzellenzcluster die eigentliche Voraussetzung, um im Alter von gerade mal 27 Jahren ein Auto zu entwerfen, das seinen Schöpfer anscheinend mühelos überleben sollte: den Porsche 911.

Es ist ein epochaler und dennoch fließender Übergang vom 356er zum Elfer. Objektiviert man die väterliche Delegation, so könnte man sagen, dass der Elfer der athletischere, besser gewachsene Sohn des 356ers ist, wobei die Ähnlichkeit zum Vater sehr sichtbar bleibt. Das abfallende Heck, die abgerundeten Heckfenster und die runden Scheinwerfer auf den konvex gewölbten Kotflügeln, wie das Susanne Porsche als Ferry-Style bezeichnete.

Ferdinand Alexander war als freier Mensch aufgewachsen. Während der Großvater die Familie an seinem Temperament auch leiden ließ, bevorzugte dessen Sohn Ferry in der Erziehung leise und vornehme Töne. Anders als der Spenglersohn Ferdinand war Ferry nicht stolzer Aufsteiger, sondern Juniorchef eines prosperierenden Familienunternehmens. Diese Position gab ihm eine natürlichere Souveränität, als der stets um Anerkennung kämpfende Vater sie haben konnte. An schulfreien Samstagen fuhr Ferry mit seinen Söhnen ins Werk und inspizierte die Fertigung der Sportwagen. In einer Mischung aus Familien- und Betriebsausflug wurden das Erbe und das Vermächtnis der Familie stets anschaulich und lebendig gehalten. Wie bei allen Familienunternehmen war nachhaltiger Erfolg nur vorstellbar, wenn das Generationenband nicht riss: wenn die Kinder und Enkel früh von der Leidenschaft für das Werk ihrer Eltern und Großeltern infiziert waren. Die Bilder des Familienalbums zeigen die Kinder oft in der Nähe von Autos, Motoren, Vespa-Rollern. Oft genug ersetzte die Garage das Wohnzimmer. Ähnlich war es auch bei Ferry gewesen, als er schon als kleiner Bub seinen Vater zu Autorennen begleitete, wo dessen Geschöpfe an den Start gingen. Ferdinand Alexander hatte wohl eine Ahnung davon, was auf ihn, den Erstgeborenen, zukommen könnte, ging früh seinen eigenen Weg. Auch deshalb, weil ihn sein Vater ließ. Er besuchte in Stuttgart eine freie Waldorfschule und wechselte dann auf die damals stilprägende Ulmer Hochschule für Gestaltung, die das Erbe des Bauhauses im Nachkriegsdeutschland weiterführen wollte. Er blieb nur zwei Semester, dann hatte er dort genug gesehen. Ohne dass der stets zuvorkommende »FA«, wie er genannt wurde, es sagen würde: Es gab bei den Designpuristen wenig Herausforderndes zu entdecken, verglichen mit dem, was er in den Konstruktions- und Entwicklungsbüros seines Großvaters oder Vaters kennengelernt hatte.

Porsche war eine Firma ohne Designer. Den selbstbewussten Ingenieuren erschien es oberflächlich und ein wenig luxuriös, über Design nachzudenken. Der erste Porsche, der 356er, war ein funktionalistisches Manifest. Der erste repräsentative Verkaufsraum für Porsche an der Park Avenue in New York war von dem hochbetagten Frank Lloyd Wright entworfen, der als eines seiner letzten Werke für den Porsche-Generalimporteur Max Hoffmann das Wohnhaus vor den Toren New Yorks baute. Sieht man Bilder des Porsche vor diesem Spätwerk Wrights, scheinen Farben und Formen von Haus und Sportwagen miteinander verwandt. Es sind Boten einer neuen Zeit, die schon begonnen hatte und deren Siegeszug bevorstand.

Der Luftwiderstand, die Leichtigkeit des Materials und die maximale Sparsamkeit bei der Dimensionierung des Gefährts hatten die Gestalt geformt. Als Ferdinand Alexander Porsche, in der Familie »Butzi« genannt, in Zuffenhausen seinen Dienst antrat, war Erwin Komenda die Autorität der Firma, wenn es um den Karosseriebau ging. Drei Jahre zuvor hatte ihn Ferry Porsche zum Oberingenieur befördert und so erschien es dem nüchternen Mittfünfziger selbstverständlich, dass er die Gestalt des 356er-Nachfolgers zu verantworten habe. Seit Ende der 50er Jahre war klar, dass der direkt dem Käfer entsprungene leichte, kleine Sportwagen technisch nicht weiter auszureizen war. Ein vollkommen neues Auto musste her, mit mehr Platz, mehr Leistung und mehr zeitgenössischer Technologie. Ende der 50er Jahre waren andere auf der Autobahn schneller. Eine inakzeptable Vorstellung nicht nur für Ferry Porsche, sondern auch für den kleinen, verschworenen Kreis der Porsche-Fahrer, die sich damals noch per Hand- oder Lichtzeichen grüßten und begannen, sich in Porsche-Clubs zu organisieren. Zum Selbstverständnis von Porsche gehörte der Anspruch, von niemand irgendwo und in irgendwas überholt zu werden: weder auf der Überholspur der Autobahn noch beim Ampelstart oder gar beim schwungvollen Einparken vor der Oper.

Schon 1951 hatte Erwin Komenda eine viersitzige Version des 356ers entworfen, indem er den Radstand des zierlichen Sportwagens ein wenig brutal um 30 Zentimeter verlängerte und die bis dahin kompakten Türen derart wuchtig dimensionierte, dass künftige Fondpassagiere in das flache Coupé bequem einsteigen konnten. Typ 530 hieß das Experiment und hatte den Charme der minimalistischen Skulptur verspielt. Klobig und fahrig wirkte das Geschöpf. Zudem wurde das Auto für den hochgetunten Vierzylinder zu schwer. Über eine Serienproduktion wurde keinen Augenblick nachgedacht. Die Frage aber, ob ein neuer Porsche ein ziemlich vollwertiger Viersitzer werden sollte oder ein knapper 2 + 2, blieb offen. Ferry Porsche war in dieser Frage lange unsicher. Die gesamte zweite Hälfte der 50er Jahre ließ Ferry Porsche Entwürfe zeichnen, die sowohl ausreichend Sitzkomfort im Fond wie auch einen größeren Kofferraum vorsahen. Blickt man heute auf diese Irrwege, wird greifbar, wie unsicher die Zukunft der Firma Porsche damals war. Die quasi natürliche Evolution des 356ers aus dem Käfer drohte ein Endpunkt zu werden, eine automobile Sackgasse ohne »geborenen« Nachfolger. Die Karosseriebetriebe Reutter in Stuttgart und Beutler im schweizerischen Thun erhielten Aufträge zum Bau gestreckter 356er. Nachdem die Entwürfe und Vorschläge aus dem Haus keine überzeugenden Ergebnisse gebracht hatten, lud Ferry Porsche den damals »angesagtesten« Autodesigner der Zeit, Albrecht Graf Goertz, ein, den neuen Porsche zu entwerfen. Das war auch eine Kapitulation vor dem Zeitgeist, der auffälliges Design wollte und einen Bruch mit der Autopoiesis des Porsche-Nichtdesigns. Graf Goertz hatte mit dem BMW 507 einen Roadster geschaffen, der, 1955 auf der IAA vorgestellt, neue Maßstäbe bei der Verbindung von Eleganz und Sportlichkeit geschaffen hatte. Der 150 PS starke Achtzylinder mit den mediterranen, weichen Formen machte den BMW zu einem ernsten Rivalen für die, im Vergleich dazu, geradezu zierlichen 356er. Durch den Erfolg selbstbewusst geworden, zeichnete Graf Goertz für die Zuffenhausener einen repräsentativen, muskulösen Sportwagen, der jedoch eher an einen Ferrari oder Maserati erinnerte. Vorne erhielt der Wagen basedowsche Doppelscheinwerfer und am Heck blinkten sechs kleine Leuchten, hinzu kamen wuchtige, für Porsche-Verhältnisse fast barocke Stoßstangen. Es waren der Glanz und der Glamour der 50er Jahre, den Graf Goertz etwas bühnenhaft darbot und der deswegen von den bodenständigen Porsches abgelehnt werden musste. Der Adlige, der im New York der Nachkriegszeit für Raymond Loewy gearbeitet hatte, habe einen »sehr schönen Wagen« entworfen, aber Louise Piëch und Ferry Porsche waren sich einig: Es sei ein Goertz, aber kein Porsche.

Der goertzsche Entwurf war verliebt in die große Geste. Im selben Jahr deklarierte Roland Barthes das Auto zum Äquivalent der großen gotischen Kathedralen und sah in seinem populären und schamlos zitierten Werk »Die Mythen des Alltags« eine große Schöpfung der Epoche, die mit Leidenschaft von unbekannten Künstlern erdacht wurde. Im Stile der Pop-Art betrieb Barthes hiermit die geistige und kulturelle Aufwertung des Fahrzeugs ohne das hypermoderne Pathos der Futuristen. Das von dem französischen Poststrukturalisten besungene Auto, der Citroën DS, bietet alleine mit dem pompösen Kosenamen »Déesse«, die Göttliche, jedweder steilen These einen üppig dimensionierten Resonanzboden. Wie vom Himmel gefallen, erscheint er dem Dichter als superlativisches Objekt: vollkommen neu und ohne Ursprung, glatt, Sciencefiction. Zweifellos war der DS mit seiner stromlinienförmigen Karosserie und der hydropneumatischen Federung ein innovatives Auto, aber er war es auf eine laute, vergleichsweise unsubtile Art. Wie Goertzens Entwurf pflegte dieser Citroën theatralisch über sich und seine innere wie äußere Größe Auskunft zu geben. NEU stand über beiden in wuchtigen, hell erleuchteten Lettern. Es war eine Antithese zum kompakten Funktionalismus und Traditionalismus von Porsche. Die Tüftler in Zuffenhausen und die Familie Porsche fänden es einen absurden Gedanken, dass für Innovation und Neuigkeit ein Geschenk des Himmels nötig wäre. Selbstverständlich hatte jede Innovati-

on eine Vorgeschichte und ein Porsche sollte stets der Tradition seiner Innovationsvorarbeiten Rechnung tragen.
In seinen Memoiren nimmt es Graf Goertz leicht. »Ich fragte mich, ob ich die falschen Instruktionen bekommen hatte – aber wann war ein Briefing schon wirklich perfekt?« Da er noch einen weiteren Entwurf riskiert und »Junior« getauft hatte, musste Porsche zwei Goertz-Ideen ausmustern – »und das war das Ende meiner Zusammenarbeit mit Porsche«, wie der Edelmann fast amüsiert konstatierte. Privat blieb er der Familie Porsche verbunden, wohl auch, weil er für sich reklamierte, Ferdinand Alexander Porsche von der Ulmer Hochschule für Gestaltung in den familiären Betrieb gelockt zu haben.

Mit 22 Jahren kam der von der Waldorfschule in seiner freien Kreativität ermutigte Ferdinand Alexander in die Designabteilung von Erwin Komenda. So prominent Graf Goertz auch gewesen sein mag, die Autorität in der Abteilung blieb Komenda, aber nicht mehr lange. Da Ferdinand Alexander vor seinem Studienbeginn in Ulm ein zweijähriges Praktikum bei Bosch gemacht hatte, fremdelte er nicht bei den stets von technischen Fragen dominierten Gestaltungskonzepten. Im Gegenteil: Der junge Mann ahnte, dass der ästhetische Funktionalismus der Ulmer Schule in den Konstruktionsstuben von Porsche in seiner reinen Form anzutreffen war. Zudem waren der in Ulm gepflegte Intellektualismus und das Theoretisieren seine Sache nicht. Er wollte schaffen, nicht reden. Ein Kollege aus der Modellabteilung namens Heinrich Klie hatte bei Vorarbeiten einige Details angeregt, auf denen Ferdinand Alexander aufbauen konnte und wollte. Es ging um die im Vergleich mit dem 356er hohen Kotflügel und die darin eingelassenen Scheinwerfer sowie die strenge Sicke in der vorderen Haube. Der junge Porsche-Enkel war nicht nur souverän genug, die Vorarbeiten aus der Abteilung zu nutzen, er hatte aufgrund seiner Vertrautheit mit diesen Menschen und deren Arbeit von Kindesbeinen an eine gewissermaßen selbstverständliche Zuneigung zu ihnen. Sie arbeiteten in der Firma seiner Familie und waren damit irgendwie auch Teil des Clans, zumindest war dieses Gefühl der Nähe und Vertrautheit auch von Vater Ferry Porsche vorgelebt worden. Für Ferdinand wie Ferry Porsche waren die Mitarbeiter »seine Leut', seine Familienmitglieder«, wie das Herbert Linge erinnerte, der für seine Lehre noch von Professor Porsche selbst angestellt wurde und der Firma bis zur Pensionierung treu blieb.

Irgendwann hatte Ferry, der lange über die Definition des 356er-Nachfolgers gegrübelt und gerätselt hatte, voller Schrecken erkannt, dass der Weg zu mehr Größe vom gerade etablierten Mythos des kompakten und leichten Sportwagens wegführte. »Wir leben in einer sehr schönen Nische«, wurde Ferry Porsche klar, Limousinen können andere wohl besser, deshalb entschied er sich, die noch so frische Kernkompetenz von Porsche zu schärfen. Sein Sohn hatte ihn instinktiv am besten verstanden. Ferdinand Alexanders Typ 754 T 7 entstand in nur wenigen Wochen zwischen Ende August und Anfang Oktober 1959. Der »Designer« war damals nicht einmal 24 Jahre alt. Die Frontpartie war fast identisch mit der späteren Serienversion der ersten Elfer. Da der T 7 noch auf einem Viersitzer-Chassis aufgesetzt war, fehlte der Silhouette die Kompaktheit und dem Heck die Eleganz des späteren Elfers. Doch das änderte sich schnell.

Ferry Porsche war glücklich und wohl auch ein wenig stolz auf den Entwurf seines Sohnes, doch er hatte das Gefühl, dass der junge Mann nicht von allen in der Karosserieabteilung mit seinem Entwurf ernst genommen wurde. Eigentümlich beschreibt er das in seinen Memoiren als eine Fehlentwicklung, die aus den Büros – gegen seinen Willen – kam. Dass das Auto größer und schwerer wurde, begründeten seine Mitarbeiter mit Binsen wie »Die ganze Menschheit wird größer, das Auto muss auch größer werden«.

Der Radstand wurde nach unzähligen Diskussionen wieder um zehn Zentimeter verkürzt. Dadurch erhielt der Porsche harmonischere Proportionen. Zudem verschwand die wuchtige Beule am Heck, die den Passagieren im Fond mehr Kopffreiheit hatte geben sollen. Porsche nahm Abschied von der Vorstellung, in einem Sportwagen Reisekomfort oder auch nur eine akzeptable Sitzposition für vier Erwachsene zu liefern. Schließlich erhielt Ferdinand Alexander den Auftrag auf Basis des T 7 ein Coupé zu entwerfen, das nicht vier Sitze, sondern zwei ordentliche und zwei Notsitze haben sollte. Angetrieben werden sollte der neue Porsche von einem Sechszylinder mit oben liegender Nockenwelle und Luftkühlung und mit Fahrleistungen wie der 356 Carrera 2, der bis zu 130 PS aus dem Vierzylinder-Boxer rausholte und 210 Stundenkilometer schnell war.

Der T 8 wurde entwickelt und Ferdinand Alexander Porsche holte sich dafür zwei Techniker in sein Team, um zu verhindern, dass die Entwürfe ins Künstlerische abglitten. Die Demut des Sohns vor dem Ingenieurgeist seines Vaters und Großvaters war keineswegs ehrfürchtig, sondern konstruktiv. Er machte die Ingenieure zu Verbündeten seiner Gestaltungsideen. Jürgen Lewandowski beschreibt in seiner ausgezeichneten Geschichte des Porsche 901, wie offen die Türen zwischen Design- und Entwicklungsabteilung waren. Das Ergebnis konnte sich schnell sehen lassen. Es war der erste Porsche 911. Die Form war gefunden. Das Modell hatte bereits die Seitenscheiben-Architektur, die bis heute geblieben ist. Die Dachlinie hatte ihre Proportion gefunden, das Verhältnis der höhergestellten Kotflügel zur Haube. Diese Topographie über der Haube dramatisierte die Tendenzen, die im Querschnitt schon beim 356er zu erahnen waren. Jetzt waren aus den Lichtern Kanonenrohre geworden, wie die Designer in Weissach sagen. Oder jenes Dekolleté, an dem Millionen Männer-, aber auch Frauenherzen hängen. Die Formen waren weich, das Antlitz des Wagens gütig. Der Elfer verzichtete auf eine aggressive Optik und startete als ein Coupé, das gewissermaßen selbstverständlich in seiner Funktionalität daherrollen soll und seine Souveränität aus der Leistungsfähigkeit bezieht. Der Porsche musste und wollte niemandem etwas beweisen.

Die Arbeit nach dem ersten Modell war dann lediglich das Verfeinern einer gelungenen Form, von der damals niemand absehen konnte, dass sie über ein halbes Jahrhundert halten sollte. Wenig später folgte das erste Modell in Originalgröße, aus Holz und Blech geformt. Es wurde am 16. April 1962 in der Geschäftsführung vorgestellt und dort abgenommen. Noch im selben Jahr sollte mit dem 901/1 der erste Prototyp gebaut werden. Die Zusammenarbeit zwischen Vater und Sohn war gelungen. »Als ich damals«, so erinnert sich Ferdinand Alexander Porsche, »den 911 konstruiert hatte, stand er von Anfang an hinter mir. Aber nicht, weil ich sein Sohn war, sondern weil er überzeugt war. Er hatte immer ein ausgeprägtes Formgefühl; extreme Farben und Formen mochte er nie.« Vater und Sohn blickten auf den 911er und beide erkannten sich wieder. Ein Idealfall für ein Familienunternehmen.

Die liebe Form

Ferdinand Alexander Porsche hatte mit seinem Entwurf die Tradition Porsches auf jene Höhe der Zeit gebracht, die den anderen deutschen Autoherstellern noch weitgehend verborgen war. Es ist das Ideal eines gelingenden Generationswechsels, wenn das wichtigste Produkt vom jüngsten, operativ aktiven Vertreter des Clans entworfen wird. Ferdinand Alexander Porsche schien ein wählerisches Kind seiner Zeit zu sein. Der nur zwei Jahre ältere Dieter Rams hatte etwa zur selben Zeit seine ersten Objekte für Braun designt. Die vom Volksmund »Schneewittchensarg« getaufte Radio-Plattenspieler-Kombination mit dem technischen Namen SK 4 war ein Meisterwerk minimalistischer Eleganz, das 1956 vorgestellt das Produktdesign in Deutschland veränderte. Diese Reduktion war weniger ein Nachklapp zum Bauhaus als vielmehr schon ein Vorspiel zum Minimalismus, der zu Beginn der 60er Jahre in der Kunst, Musik und

Architektur als Gegengift zum abstrakten Realismus, dem zwölftönenden und dem hageren Funktionalismus entstand.
Rückblickend definierte Rams zehn Thesen für ein gutes Design, die der Porsche 911 fast selbstverständlich erfüllte. Gutes Design müsse innovativ sein und ein Produkt brauchbar machen. Es solle ästhetisch sein und ein Produkt verständlich machen. Da war beim Elfer vor allem die Konturierung des Hecks beispielhaft, weil dort der Motor saß und die Kraft auf die Straße kam. Das kühn-knackige, muskulöse Heck des Elfers war die ideale Skulptur für einen Heckantriebler. Gutes Design müsse unaufdringlich sein und ehrlich. Gemeint war damit die Vermeidung jeder Show, die ernsthafte Konsumenten nur enttäuschen könne. Der Porsche sollte nicht innovativer (siehe DS), leistungsfähiger (siehe Goertz-Entwurf) oder wertvoller (siehe DS und Goertz) erscheinen, als er in Wirklichkeit war. Gutes Design müsse langlebig sein, konsequent bis ins letzte Detail, umweltfreundlich und so wenig Design wie möglich. Mit diesen knappen wie klugen Thesen hatte Rams die Essenz der Elfer-Form beschrieben. Besonders der letzte Punkt war Ferdinand Alexander Porsche wichtig. Weniger Design sei mehr, hatte Rams da ergänzt, konzentrierte es sich doch auf das Wesentliche, statt die Produkte mit Überflüssigem zu befrachten.

Wohl nicht zuletzt deshalb ist der Porsche 911 ein bevorzugtes Auto für Architekten, Designer und Künstler. Unaufgeregt verweigert der Porsche 911 den Drang zum Design. Er ist auf geheimnisvolle Weise neutral wie emotional. Funktional und elegant. Bittet man Kinder, einen Porsche zu skizzieren, kommt in der Regel ein Porsche 911 heraus. Warum? Weil dieser Wagen das Kindchenschema des Käfers und die edle Einfalt des 356ers auf zeitgenössische Art weiterführte und kühl, streng und humorfrei die Leistungsfähigkeit unter dem Blechkleid kommunizierte. Affektfreier als ein Haus von Adolf Loos erklärte der Elfer von Anfang an populär, dass Ornament ein Verbrechen sei – zumindest im Automobilbau. Das war zu einer Zeit, als Limousinen Flügel, Sportwagen Flügeltüren und amerikanische Flitzer metallische Wucherungen hatten, ein radikales Gegenkonzept. Der Elfer war ein Zeitgenosse des Braun-Designs und des Kanzlerbungalows von Sep Ruf. Für einen Designer wie Otl Aicher war der Elfer auch eine Art futuristische Skulptur. »Er fährt, auch wenn er steht«, sagte Aicher.

Einer der Gründe des Erfolgs von Porsche war im auf Gleichheit und Maß angelegten Nachkriegsdeutschland die sanfte Ästhetik der Distinktion. Sportwagen, und Porsche allemal, waren Luxusgegenstände, aber sie waren im Ton feiner Bescheidenheit konstruiert und verkauft worden. Wer etwas Lautes haben wollte, griff zur italienischen oder englischen Konkurrenz. Der Porsche war ein Produkt des rheinischen Kapitalismus und der Sozialpartnerschaft. Insofern war er von Anfang an ein sozialverträgliches Gefährt: Er verdeutlichte, dass die vermögende Elite des Landes die funktionalistischen Ideale der Mehrheit ebenso wertschätzte wie die bundesrepublikanische Geste der Demut und Bescheidenheit. Wer soziale Unterschiede laut kommunizieren wollte, wurde mit dem Elfer nicht glücklich.

Werbung machte Porsche wenig. Ferry Porsche hatte sich entschieden, herausragende Leistungen im Motorsport als Werbung zu sehen. So gesehen war Leistungsfähigkeit das einzige Marketing, für das sich Porsche interessierte. Der Elfer wollte weniger mit Pomp oder Gestelztheit begeistern

als mit seiner technischen Brillanz. Es ging um das Sein und nicht den Schein – eigentlich für jeden Designer eine Zumutung.
Nicht so für den auch im persönlichen Umgang eher zurückhaltenden, unaufdringlichen Ferdinand Alexander Porsche. Auch im Privaten war der Stoiker der Mäßigung verbunden. Wie sein Vater heiratete auch er seine Jugendliebe und blieb, wenn man den Berichten über das Paar glauben darf, glücklich. Wie Vater und Großvater blieb er seiner süddeutsch-österreichischen Heimat treu. Ferdinand Alexander Porsche bevorzugte eine Biographie und einen Lebenswandel ohne Faxen. Er verachtete Moden. Das passte zu seinem Werk – und auch zur sozialen Verträglichkeit seiner Entwürfe. Er lebte nicht in einem Paralleluniversum wie viele andere Designer, die den Kontakt zum Alltag der Menschen verloren.
Die Erscheinung des Elfers, seine Gestaltung besitzt eine zwingende Logik. Alles war dort, wo es hingehörte. Nichts wurde aus Show- oder Designgründen hinzugefügt. Es war ein Auto der klassischen Moderne auf dem Weg zu einem internationalen Stil. Ein ernstes Auto, wie Designer Peter Schmidt betont. Er vermutet, dass beim Entwurf dieses Sportwagens kein einziges Mal gelacht wurde. War die deutsche Ingenieurkunst in Gestalt von Miele-Waschmaschinen und Braun-Rasierern mitunter etwas langweilig, war der Elfer schärfer formuliert. Die von Ferdinand Alexander Porsche angestrebte Neutralität führte zu einem klaren Design, das sich ideal als Projektionsfläche eignete. Damit war Porsche mit seinem Effektverzicht auf der Höhe der Zeit. In der Kulturtheorie setzte sich der Gedanke durch, dass der Betrachter das Objekt der Begierde bei seiner Betrachtung konstruiert. Bietet das Objekt eine klare Form,

kann es der Betrachter gut zusammenbauen. Dabei entsteht eine besondere emotionale Bindung. Anders bei einem Sportwagen, wie bei Pininfarina, der über zwei Dutzend fein gestalteter Details verfügt, die allesamt die Konzentration des Betrachters und somit seine Fähigkeit zur Vervollständigung des Objektes absorbieren.

Der Porsche 911 bot von Anfang an eine balancierte Mischung aus einprägsamer Form und viel Projektionsflächen. Die von Porsche erfolgreich angestrebte Harmonie der Karosserie gab der Form etwas Selbstverständliches, auch wenn sie in ihrer dynamischen Eleganz etwas Kühnes hatte. Anders als das deutsche Klischee von der plüschigen Gemütlichkeit als Vorzugsräumlichkeit für teutonisches Glück war dieses Auto trotz der gebotenen Enge kein Ort des Heimeligen. Kühl ging es im Inneren zu. Für viele Interessenten war er in seiner Feinheit sogar etwas unterkühlt.
Die soziale Akzeptanz des Elfers, seine Beliebtheit auch bei jenen, die sonst Neidgefühle pflegen, hatte mit dem Mangel an Obszönität zu tun, die der junge Designer seinen Produkten mit auf den Weg gab. Der Grund lag auch in dem im Familienunternehmen nicht seltenen, tiefverwurzelten Gefühl der Fürsorge für die eigenen Mitarbeiter. Die wurde nicht nur alltäglich gelebt, wenn Ferry Porsche gerne auch ölverschmierte Hände seiner Arbeiter schüttelte und sie nach ihrem Befinden fragte, sondern das wurde auch in den ungewöhnlich großzügigen Sozialleistungen spürbar. Mehr als Staat und Tarifverträge vorsahen, wurden 13. Monatsgehälter gezahlt und Arbeiter und Angestellte absolut gleich behandelt. Dem Firmengründer lag etwas am Zusammenhalt der Gesellschaft, aber in einer Art, die Unterschiede nicht nur zuließ, sondern als Bereicherung verstand. Es war,

so der Stuttgarter Architekt, ehemalige Porsche-Fahrer und Unternehmer Werner Sobek, die für »baden-württembergische Mittelständler typische« Art zu produzieren, die den Porsche geprägt hat. Die hohe soziale Qualität der Porsche-Produkte, die vorbildliche Bezahlung, Ausbildung und Qualifizierung der Mitarbeiter hätten dem Elfer gedient. »Sie ist eine dem Ganzen unterlegte Solidität, welche die Marke unsichtbar stärkt«, so Sobek. Die soziale Qualität des Elfers gibt seiner Schönheit einen idealistischen Drall. Das Gute strebt zum Wahren und Schönen.

Der Apple-Designer Jonathan Ive, der in kaum einem Interview auslässt zu betonen, wie sehr ihn das funktionale Design der deutschen Nachkriegszeit beeindruckt hat, hat das Design als den unmittelbarsten Weg bezeichnet, wie Produkte im Bewusstsein ihrer Käufer verankert werden: als Traum, Versprechen, Vision einer schöneren Welt. Der Vorgänger bei Apple, der Schwabe Hartmut Esslinger, war ein eingefleischter bis zum heutigen Tag bekennender Elfer-Fahrer und -Fan. Er war es auch, der Steve Jobs in den 80er Jahren mit dem Porsche-Rausch bekannt machte. In seinem Arbeitsvertrag musste Esslinger unterschreiben, dass er mit seinem Porsche nie schneller als 200 Kilometer pro Stunde fahren dürfe, was für die Apple-Anwälte in den USA vollkommen unverständlich blieb, waren doch Geschwindigkeiten von umgerechnet 125 Meilen in der Stunde nirgendwo außerhalb der Rennstrecken zugelassen. Selbstverständlich hielt sich Esslinger als Porsche-Fan nicht an die Vorgaben.

Bekannt geworden ist die Anekdote, als er im Juli 1986 Steve Jobs von einem Termin in Deutschland schnell zum Flughafen nach Frankfurt bringen musste, die amerikanische Luftwaffe hatte gerade Libyen als Vergeltung für das Attentat auf die Berliner Discothek »La Belle« bombardiert und Jobs musste sofort zurück in die Apple-Firmenzentrale. Esslinger drückte auf das Gaspedal und Jobs bedankte sich mit den Worten: »Danke, dass du mir gezeigt hast, was ein Porsche alles kann.« Als er in San Francisco gelandet war, rief er an, um zu gestehen, dass der Flug ziemlich langweilig gewesen sei im Vergleich mit der rasanten Fahrt im Elfer. Auch Jobs fuhr damals gerne schnell. Sein Elfer war schwarz, der von Esslinger war weiß – im Apple-Design. Der funktionale Minimalismus von Apple ist verwandt mit dem Schnörkellosen des Porsche-Designs.

»Einen typischen Porsche kann man anfassen«, erklärte Ferdinand Alexander. »Er hat einen Körper. Er ist eine Sie.« Mit diesem Genderphilosophen herausfordernden Statement brachte er die verwirrende Attraktion der Porsches und seines besonders menschengestaltlichen Elfers auf den Punkt. Es war ein leistungsfähiger Mann in der Gestalt einer Frau. Für Ralf Bönt erinnert der Elfer eher an eine Raubkatze, egal ob er gerade lungert, schläfrig herumtappt oder in vollem Geradeauslauf die Welt um sich herumströmen lässt, um gierig mit ihr eins zu werden. Die Hüfte des Elfers sei das Meisterwerk, erklärt der leidenschaftliche Elfer-Fahrer Bönt. Ein Jaguar E-Type sehe verglichen mit einem Elfer aus wie ein Clownsschuh und die Ferraris wie plattgedrückte Käsereiben.
Esslinger hat stets betont, dass die Designer seiner Generation, der auch Rams und Ferdinand Alexander Porsche angehörten, das »form follows function« weniger als Gestaltungsanspruch denn als der Gestaltung zugrunde liegendes Prinzip verstanden. Der Satz war aus der Beobachtung der

Natur abgeleitet worden und aus der Erkenntnis, dass in ebenjener Natur die Form stets der Funktion gefolgt sei, um zu überleben. In den Worten von Steve Jobs: »Design is not just what it looks like and feels like. Design is how it works.« Es war also eine evolutionäre Umdeutung des ästhetischen Idealismus der klassischen Moderne. Das gab den Objekten eine naturidentische Charakteristik. Mehr noch: Als Esslinger in den 80er Jahren für Apple designte, sollten die Computer wie Lebewesen sein oder wie eine Extension des eigenen Ichs. Jobs' Vorbild war, gemeinsam mit Esslinger, ein Porsche-artiges Design.

Es soll an dieser Stelle nicht verschwiegen werden, dass Jobs auch einen silbernen 928er fuhr. Als Jobs bei Apple ausstieg, blieb er Porsche und speziell dem Elfer treu. Auch andere Masterminds der digitalen Revolution wurden Porsche-Kunden. Bill Gates kaufte sich 22-jährig 1979 einen Porsche 911 Turbo in Türkismetallic, 1988 sogar einen 959er, der andere Microsoft-Gründer Paul Allen entschied sich ebenfalls für dieses Produkt analoger Grundlagenforschung aus Weissach. Da der 959er nicht für amerikanische Straßen zugelassen war, musste der damalige amerikanische Präsident eigens ein Gesetz unterzeichnen, das derart exotische Gefährte zuließ.

Für Gates wie Jobs definierte die perfekte »usability« die Qualität von Soft- wie Hardware. Technik benötigte ideale Schnittstellen zur Biomechanik des menschlichen Körpers. Bis zum Ideal der Verschmelzung reichte das Zusammendenken von Produkt und Nutzer. Die futuristische Idee war, dass die Menschen sich den Geräten (oder in Heideggers Worten der Herrschaft des Gestells) anpassen sollten, die viel modernere Idee war, dass die innovativsten technischen Konzepte biomorphe Gestalt annehmen sollten.

Bis heute reden die Designer bei Porsche von den Schultern und dem knackigen Hintern beim Elfer, strahlen auch vom Leben erschöpfte Greise beim Anblick des neuen Elfers. Er ist eine muskulöse Frau und voller Leben. Auch der Designer der Porsches des 21. Jahrhunderts, Michael Mauer, pflegt eine verräterische Semantik. Die Sprachbilder, mit der der ebenfalls drahtige, humorvolle Designer von seinem Entwurf erzählt, sind durchweg anthropomorph. Er spricht von den hochgezogenen Schulterlinien, dem wohlproportionierten Hinterteil und den sehnigen Muskeln an den Kotflügeln.

Die Schwäche von Designern und Architekten für den Elfer kennt prosaischere Gründe als die partielle Menschenebenbildlichkeit. Für den Münchner Designer Thomas Elsner, der selbst seit Jahrzehnten Elfer fährt, ist dieser Sportwagen eine Entlastung. »Da ich in meinem Job tagtäglich sehr viel über Gestaltung nachdenken muss, umgebe ich mich gerne mit Dingen, die optisch zu Ende gedacht sind«, sagt Elsner, »so muss ich nicht ständig überlegen, wie ich ihre Form verbessern könnte.« Die Synthese von biomorpher Hülle und einer Ästhetik der Reduktion findet im Funktionalismus und Essentialismus dieses Sportwagens seinen gemeinsamen Nenner. Wie in der Evolution der Schöpfung ist gelungen, was funktioniert und deswegen überlebt.

Und die Herstellungsgeschichte des Produktes entspricht zeitgenössischen Minimalismusvorstellungen. Die Tatsache, dass der Ur-Porsche eigentlich der Remix von VW-Teilen war, bedeutet maximalen Sachzwang oder in den Worten des amerikanischen Künstlers Matthew Barney die maximalen »drawing restraints«. Dass eine derart elegante und souveräne Form aus einem engen Korridor von Möglichkeiten, was Herstellungskosten, Funktionalität und Serienfertigungszwang betraf, entstehen konnte, beschreibt Elsner als klassische Herausforderung von Gestaltern. Auch deshalb vermutet er eine große Identifikation dieses Milieus mit dem Elfer. Designer und Architekten mögen Dinge, die ihrem Ethos entsprechen, bei denen Form und Funktion zusammenkommen. Sie kuratieren die Dinge ihres Lebens danach.

1963
1973

Der Ur-Elfer

Die Referenz

Die Damen tragen dunkle Kostüme und schwarze Pelzkappen, die Perlenketten strahlen im Scheinwerferlicht ebenso wie die lackierten, eckigen Taschen. Die Herren tragen allesamt dunkle Anzüge, weiße Hemden und strenge Krawatten am Porsche-Stand auf der IAA 1963 in Frankfurt. »Typ 901« steht auf dem Nummernschild des hellgelben Coupés, das wie ein Vorbote des Frühlings mitten im September erscheint, ein Signal des Aufbruchs, der Heiterkeit und Klarheit,

inmitten einer adretten Arriviertheit, die den neuen Sportwagen noch eigensinniger erscheinen lässt. Mit schmalen 165er-Reifen, dem kurzen Radstand und den weiterhin engen Abmessungen war der 901er – von den schlanken Stoßstangen über den lieblichen Außenspiegel bis zum bescheiden dimensionierten Auspuffrohr – eine grazile Erscheinung, während an vielen anderen Ständen noch neobarocke Blechburgen mit Heckflossen als Autos der Zukunft verkauft wurden. Mercedes präsentierte den 600er, der als Pullmann über sechs Meter lang war und einen 6,3-Liter-Motor mit 250 PS hatte. Nicht nur dagegen wirkte der 901er geradezu winzig: 1,60 Meter breit, gut vier Meter lang und 1,32 Meter hoch. Selbst im Inneren wirkte das Antifeudale programmatisch. Im Prospekt für den 901er scheint hinter dem filigranen Lenkrad ein für Elfer-Freunde vollkommen ungewohntes Sparprogramm am Armaturenbrett. Nur zwei Rundinstrumente, die Tacho und Drehzahl anzeigen, sind dort plaziert.

Als der Porsche 911 als 901er vorgestellt wurde, war er keineswegs der unumstrittene Star der IAA. Mercedes stellte die Pagode als Nachfolger sowohl des 300 SL als auch des 190 SL vor und Aston Martin präsentierte mit dem DB 5 einen der elegantesten britischen Sportwagen aller Zeiten. Der Designer der Pagode, Paul Bracq, war übrigens begeisterter Fahrer eines weinroten 356ers. Die Pagode hatte ihre Form also von einem Porsche-Fan erhalten. Das Jahr 1963 markierte eine Art zivilisatorischen Ausreißer nach oben im Automobilbau. Der Bau und der Entwurf von Sportwagen erlebten eine Phase purer Schönheit, hinreißender Formensprache und wegweisender Fahrkonzepte. Was die Zeitgenossen damals nicht ahnen konnten: Der Automobilbau hatte seine Hochrenaissance. Der 1.080 Kilogramm schwere

Elfer war im Vergleich zur Pagode wie zum DB 5 ein leichtes Auto. Der britische Gran Turismo brachte 1.465 Kilo auf die Waage, der Mercedes-Benz 230 SL nur gut 60 Kilo weniger. Zudem war die Fahrt in einem Porsche spürbar lauter, authentischer und rauher. Präsentiert wurde auf der IAA 1963 ein Prototyp, der noch weit von der Serienreife entfernt war. Porsche wollte mit diesem Präventivschlag verhindern, dass die Konkurrenz in ihren Markt eindringen konnte.
Der zierliche Elfer war dank des 130-PS-Motors 210 Kilometer pro Stunde schnell. Der Pressetext nannte die Beschleunigung »blitzartig«. Den Namen 901 musste man wieder aufgeben, weil sich Peugeot (schon wieder Peugeot) in Frankreich die Rechte für Modellbezeichnungen mit einer Null in der Mitte gesichert hatte. Deswegen wurden nur einige Prototypen mit der Modellbezeichnung 901 gebaut. Dafür muss man Peugeot bis heute dankbar sein, wie uncharmant und laborhaft hätte der Kosename »Nulleinser« geklungen. »Mach' ma halt eine zehn dazu«, bemerkte Ferry trocken. Mit schwäbischem Stoizismus hieß der 901er daraufhin 911er. Der Grund war ganz pragmatisch: Die Metalltypen 9 und 1 waren bereits produziert. So wurde die 1 ganz einfach doppelt verwendet. Verschwörungstheoretiker könnten darauf hinweisen, dass dies die Abkürzung des Schicksalstags der Deutschen ist: der 9. November.
Kurz vor Serienproduktion wurde im Inneren die Armaturentafel auf jene Kulisse erweitert, die bis zum 996er jeden Elfer-Fahrer beeindrucken sollte. Die bogenförmige Instrumententafel hatte im Zentrum den Drehzahlmesser, ganz links waren die Tankanzeige und die Ölmengenanzeige, dann folgten Öltemperatur und Öldruck, rechts neben dem Drehzahlmesser war der Tachometer und ganz rechts die Uhr. Die Abfolge der Armaturen von links nach rechts

folgte der Dramaturgie, die im Blutkreislauf und Herztrakt des Sportwagens beginnt und mit der Geschwindigkeit und der Uhrzeit das Schlagen des Boxermotors mit den Daten des Raum-Zeit-Kontinuums in Verbindung bringt. Öltemperatur und Öldruck wurden beim Elfer stets kontrolliert, oft genug wurde bei den Ur-Elfern auch alle tausend Kilometer der Ölstand mechanisch am Heck überwacht. Bis heute blickt der Elfer-Fahrer am Morgen bei den Ur-Elfern zuerst unter den Motor, ob dort nicht an der einen oder anderen Stelle Öl ausgetreten ist. Selbst die rüdesten Fahrerinnen und Fahrer eines Ur-Elfers achten darauf, dass die neun Liter Öl aus dem Trockensumpfkreislauf behutsam erwärmt werden, bevor man richtig auf die Tube drückt. »Barbaren«, die ihren Elfer schon kalt hochdrehen, werden von der Gemeinde mit Verachtung, Missmut und Liebesentzug bestraft.

Wer das Vergnügen hatte, einen der letzten schnellen 356er zu fahren, weiß, wie nahe der Ur-Elfer seinem Vorfahren kommt. Der Mythos der Unbeherrschbarkeit hält sich, gilt aber ausschließlich für den engen Grenzbereich, ansonsten lassen sich diese Fahrzeuge unglaublich zügig bewegen und besitzen selbst angesichts der heute karg erscheinenden PS-Zahlen und dank des leichten Gewichts große Agilität. Ein Heckmotor gibt Traktion, aber in Kurven und bei Regen waren die Elfer bis in die 90er Jahre hinein Heckschleudern. Das Auto übersteuerte konsequent und die meisten Elfer-Piloten verwandelten den anfänglichen Schreck über diese Tendenz zur Instabilität in eine Neigung, den Sportwagen zum Tanzen zu bringen. Die ersten Elfer hatten einen miesen Geradeauslauf. Zum Austarieren verpasste man ihnen Eisentrümmer in den Stoßstangenecken, was Ferdinand Piëch seinerzeit richtig wütend machte. Der belgische Rennfahrer Paul Frère nannte die circa 20 Kilo Blei in der vorderen Stoßstange »keine sehr elegante Lösung«, aber sie milderte die Windempfindlichkeit. Hinzu kam der »Pfusch« bei den oben nicht einstellbaren Federbeinen. Piëch wetterte derart heftig dagegen, dass der Technische Leiter von Porsche gehen musste und Piëch sich um die Gewichtsverteilung und Balance des Sportwagens kümmern durfte. Trotz dieser Herausforderungen, die stets auch Herausforderungen an die Fahrer eines Porsche 911 waren, blieb das Vergnügen, diesen Sportwagen zu pilotieren, beeindruckend. Es gab keinen Autotester, der das nicht so sah.

Als Porsche Anfang 2013 Autojournalisten weltweit nach Stuttgart lud, um die verschiedenen Baureihen auf der Teststrecke zu erleben, stellten diese fest, wie beeindruckend die Fahrdynamik dieses heute untermotorisiert anmutenden Ur-Elfers ist. Die Beschleunigung von null auf hundert Kilometer pro Stunde gab Porsche mit 9,1 Sekunden an, andere Tester wie Paul Frère schafften es in unter neun Sekunden, Graf von Brockdorff gar in 8,5 Sekunden. Auch wenn ein halbes Jahrhundert später jeder gut motorisierte Kleinwagen ähnliche Fahrwerte liefert, waren die Kritiker beeindruckt. Graf Brockdorff erinnerte die Beschleunigung an die eines »Überschalldüsenjägers«, wohl auch wegen der Geräuschkulisse des Sechszylinder-Boxers, der dem Elfer seither seinen Klang gab. Die »elferclassix Lounge« setzt den Sound des Boxers auf Platz 1 ihrer 50 Gründe, einen Porsche 911 zu fahren. Wer mit Fahrern, Beifahrern, Passanten, Neugierigen und Interessierten nach dem Besonderen des Elfers fragt, wird von jedem hören, dass der Klang dieses Sportwagens unverwechselbar sei.

Der Klang ist bis heute wie die Form und das Prinzip des Heckmotors eine der Konstanten, auch wenn er sich durch

kontinuierlichen Zuwachs an Hubraum und 1998 mit der Umstellung von Luft- auf Wasserkühlung deutlich verändert hat.
Die Ursache für den Klang lag in der außenliegenden Nockenwelle. Der Schriftsteller und Theaterautor Moritz Rinke erinnert sich: »Ein Verehrer meiner Mutter fuhr, als ich ein Kind war, mit einem Elfer die Worpsweder Einfahrt zu unserem Haus herunter. Es war ein dunkelblauer mit diesen alten schönen Formen. Es war Liebe auf den ersten Blick. Meine Mutter blieb aber noch eine Weile bei meinem Vater, obwohl er Volvo fuhr.« Fragt man Rinke, woran er sich bei dieser magischen Begegnung noch genau erinnern kann, gibt er eine klare Antwort: »An dieses irgendwie aufregende Geräusch des Motors. Man muss sich vorstellen: Bei uns auf dem Hof gab es fast nur Tiergeräusche: Hühner, Pferde, Hunde und plötzlich dieses einzigartig schöne Geräusch mit den dunkelblauen Kurven und dem Verehrer. Später, viele viele Jahre später, habe ich mal im Theater ›Woyzeck‹ gesehen und als der Tambourmajor auftrat mit diesem Zapfenstreich und der dunkeldröhnenden Stimme und dem Woyzeck die Marie wegnahm, musste ich an den Porsche denken, der bei uns die Einfahrt herunterkommt.«

Der Klang des Elfers wurde durch die Veränderung des Hubraums tendenziell tiefer, blieb aber bis zum G-Modell nahezu identisch. Erst mit dem 964er klang der Wagen ganz anders. Der Sportwagen befand sich ab seinem Verkaufsstart 1964 in einem kontinuierlichen Optimierungsprozess. Gerade weil der Porsche einen unverwechselbaren Charakter hatte, konnte er stetig verändert werden. Etwas philosophisch formuliert könnte man sagen, dass Identität und Differenz in einem besonders komplexen Verhältnis zueinander standen, weil die Identität derart viele Differenzen zuließ. Die Variationen des Elfers wirkten wie organische Mutationen der biomorphen Hülle des Coupés. Einige Veränderungen waren von außen kaum zu erkennen. Um den Sportwagenmarkt unterhalb des Elfers abzudecken, bot Porsche ab April 1965 eine Billigvariante mit einem betagten Vierzylinder an und nannte ihn 912er. Im Armaturenbrett befanden sich in der Serienversion weder eine Uhr noch ein Kombiinstrument und so gab es nur drei Rundinstrumente, wer die volle Armaturentafel des großen Bruders haben wollte, musste extra zahlen. Über 13 Sekunden brauchte der Sportwagen, der von außen von seinem großen Bruder kaum zu unterscheiden war. Wegen der wenig berauschenden Fahrleistungen erzeugte dieses Auto auch keine übergroße Begeisterung. In der großen Studie über Porsche-911-Fahrer, die im »Spiegel« 1966 veröffentlicht wurde, sind die 912er-Fahrer etwas enttäuscht von der sportlichen Potenz ihres Porsche. Anders als in den amerikanischen Märkten bietet die Autobahn jenes Jagdrevier, wo auch Spitzengeschwindigkeiten über die Hackordnung auf der Überholspur entscheiden. Erst mit der Einführung des 911 T als Einstiegsmodell konnte der 912er eingestellt werden. Der 911 T war mit einem kostengünstigen, zahmen Sechszylinder ausgestattet, der es auf lediglich 110 PS brachte.

Noch wichtiger als die Vorstellung des 912ers war die Präsentation des 911 Targa im September 1965. Aufgeschreckt durch Diskussionen über neue Sicherheitsstandards für Cabriolets in den USA, dem wichtigsten Markt für den Elfer, arbeiteten die Ingenieure und Designer schon während der Markteinführung des Coupés an einer ganz eigenen Lösung. Ein gut 20 Zentimeter breiter Überrollbügel sollte

den offenen Wagen besonders sicher für die Insassen machen, ohne allzu viel vom Cabrio-Gefühl dadurch zu verlieren. Deswegen war die Heckscheibe in den ersten Modellen aus Kunststoff und konnte dank eines Reißverschlusses herausgenommen werden. Leider bewährte sich dieser rührende Versuch, Sicherheit und Cabrio-Freiluft-Emotion zu kombinieren, nicht in der Realität. Das »soft window« bot schlechte Sicht nach hinten, lud Autodiebe geradezu ein und führte schließlich zu einer schlechteren Verwindungssteifigkeit, die gerade für ein derart fahraktives Auto problematisch war. Deswegen waren die Targas mit dem Modelljahr 1970 mit einer Heckscheibe aus Glas ausgestattet.
Ferdinand Alexander Porsche haderte aus verständlichen Gründen über die eher unelegante Lösung mit dem breiten Bügel, weil sie die Linienführung des Coupés erheblich störte. Doch die Kollegen aus dem Vertrieb bestanden auf einem offenen Elfer insbesondere für den sonnenverliebten Absatzmarkt im Westen und Süden Amerikas. Die Diskussionen über das neue Gefährt, das weder Cabrio noch Coupé so richtig sein konnte, mündeten schnell in eine pragmatische Debatte über die Namensfindung für diese Karosserieform. Harald Wagner, der Verkaufsleiter Inland, schuf den Namen eher beiläufig. Bei Porsche war klar, dass diese Form des offenen Wagens den Namen einer Rennstrecke erhalten sollte, doch die Le Mans und Monzas waren vergeben, blieb also die Targa Florio. Der Vorschlag, das Geschöpf »Flori« zu nennen, wurde glücklicherweise abgelehnt. »Warum sagen wir eigentlich nicht nur Targa?«, fragte Wagner und wurde so zum Namensgeber. Dass Targa auf Italienisch »Schild« heißt, war ihm damals nicht bekannt. Das entdeckten erst die Prospektschreiber bei Por-

sche. Sie betonten zudem, dass diese Art von Überrollbügel aus dem Rennsport bekannt war und dass sie bei Grand-Prix-Wagen zum Einsatz kamen.
So hemdsärmelig die Namensfindung einer Sportwagenuntergattung war, so zielgerichtet ging Porsche bei der Weiterentwicklung des Ur-Elfers vor. 1966 kam mit dem S-Modell ein 160 PS starkes Topmodell, das diese beeindruckende Pferdestärke erst bei 6.600 Umdrehungen erreichte und dementsprechend hochtourig durch die Gegend heulen durfte. 1968 wurde der Radstand um 5,7 Zentimeter verlängert, um den Geradeauslauf zu verbessern. Dabei wurden die Kotflügel am Heck eine Nuance breiter und auch die Radausschnitte veränderten sich. Unter der Motorhaube wuchs der Boxer. 1969 schließlich wurde der Hubraum von zwei Litern auf 2,2 Liter erhöht und schon 1971 wurden daraus 2,4 Liter. Jede Hubraumvergrößerung verbesserte das Durchzugsvermögen und die Leistungswerte des Sechszylinder-Boxers, der während der ganzen Zeit die Basis unzähliger Rennsportmotoren war und dort auf bis zu 850 PS getunt wurde. Spektakulärster Serien-Porsche wurde der Carrera RS 2.7 mit 210 PS, der so schnell war, dass die Ingenieure ihm einen Front- und Heckspoiler in Form eines Entenbürzels verpassen mussten. Angelegt als ein Sondermodell zur Homologation für den Rennsport, verkaufte sich das straßentaugliche Rennsportgerät überraschend gut.

Auch nach fast zehn Jahren Produktoptimierung machte die technische Unvollendetheit des Elfers Probleme. Die Spitzengeschwindigkeit seines 911 S Targa konnte Rainer Schlegelmilch, dem Andreas Baader sein Auto klauen sollte, in den frühen 70er Jahren nur kurz genießen. Nach gut zwei Minuten stieg die Temperatur so bedenklich, dass umgehend der Fuß vom Gaspedal abgezogen wurde. Reisegeschwindigkeiten von 190 bis 200 Kilometern pro Stunde galten als weniger problematisch. »Aber erst seit der Elfer Wasserkühlung hat, ist er vollgastauglich«, erklärt der Fotograf und treue Elfer-Fahrer, der 2012 seinen elften Elfer fuhr. Dies sei aber eine nicht sonderlich populäre Meinung unter Elfer-Freunden, weiß Schlegelmilch: »Einige von denen haben das Gefühl, der letzte Porsche war der mit der Luftkühlung.« Schlegelmilch gehört zu den Pragmatikern unter den Elfer-Treuen. Für ihn sei das »Genialste« an diesem Sportwagen, dass man ihn über Jahrzehnte immer wieder neu erleben könne und er jedes Mal anders vertraut wirke. So entstehe für Elfer-Veteranen wie ihn das Gefühl einer totalen Vertrautheit: »Wer über Jahrzehnte diesen Porsche fährt, erhält eine Nähe zu diesem Objekt, die auch in brenzligen Situationen ruhig hält.« Zudem sei dieser Sportwagen absolut zuverlässig. Er sei in gut 40 Jahren nie liegengeblieben. Und so gebe es im Auto weniger Ermüdungserscheinungen als in einer Ehe.

Der Filmstar

»Le Départ« gilt Cineasten als ein kleines Wunder. Der junge polnische Regisseur Jerzy Skolimowski schuf in Zeiten aufziehender bürgerkriegsähnlicher Unruhen und Kulturbrüche einen leichten, heiteren Film über einen 19-jährigen Friseurlehrling, der sich in den Kopf gesetzt hat, ein großer Rallyefahrer zu werden – am Steuer eines Porsche 911 S. Das damals vollkommen neue Auto spielt in diesem anarchischen Spielfilm die Rolle eines Sehnsuchtsobjekts für einen zügellos lebenslustigen Abenteurer. Der Film beginnt mit einer Spritztour durch das nächtliche Brüssel in einem weißen Ur-Elfer. Den Porsche hat Marc aus der Garage seines Chefs gestohlen. Nach der Raserei mit seinem besten Freund tankt er den Porsche mit dem mitgebrachten Benzin auf, dreht mechanisch am Tacho den Kilometerzähler zurück, wäscht das Auto liebevoll und kann nicht umhin, sowohl den Kofferraum als auch den Motorraum übervorsichtig zu kontrollieren. Er prüft den Ölstand, bevor ihn sein Freund zur Ordnung ruft. Es ist eine erotische Begegnung, die am Anfang des Films steht und dem Film vergleichsweise unsubtil das Thema gibt. Die Handlung erschöpft sich in einer 48-stündigen Suche nach einem Porsche 911, mit dem Marc seine erste Rallye bestreiten kann.

Die rasanten Aufnahmen der meist herbeigeschwindelten Ermächtigungen über einen Elfer werden dramatisiert durch den Soundtrack von Krzysztof Komeda, der kühl und zügig dem Lebensgefühl des Porsche-verliebten Helden eine romantische Seele wie zeitgenössische Modernität verleiht. Die hastig vorgetragenen Monologe des Protagonisten, die hektischen Bewegungen des jungen Exzentrikers, die treibende Musik – nahezu jedes Element des Films gibt ein Versprechen auf die Raserei, das für den Helden nur ein Porsche 911 einlösen kann. Von der Filmkritik seiner Zeit weitgehend unverstanden, macht er den stilsicheren Autoverrückten zum exemplarischen Helden seiner Zeit: ziellos herumirrend. Ein Jahr nach Godards »Masculin – Feminin«, von dem sich Skolimowski die beiden Hauptfiguren (gespielt von Jean-Pierre Léaud und Catherine Duport) geliehen hat, entideologisiert dieser Film die Jugend zu jenem Zeitpunkt, als sie sich in Universitäten und Schulen radikalisiert. Die Figuren in Skolimowskis Film verstehen sich keine Sekunde als politische Subjekte revolutionärer Veränderungen, sondern taumeln als unfreiwillig Sinnsuchende jedem Tiefgang davon.

Fragt man den Regisseur knapp 50 Jahre später, wie er als Pole für einen Film in Belgien auf einen blechernen Hauptdarsteller aus Baden-Württemberg gekommen ist, ist die Antwort ganz einfach: »Der Porsche 911 war für mich zu diesem Zeitpunkt das schönste Auto der Welt.« Zudem war seine Produzentin mit dem Verleger einer großen belgischen Autozeitschrift verheiratet und konnte problemlos nagelneue Sportwagen stellen. Für Skolimowski war der Elfer ein Symbol der Freiheit und der Anarchie, das ihn als jungen Autoverrückten elektrisierte. Auch wenn er sich bettelarm ein Jahr nach Ende des Filmstudiums keinen Porsche leisten konnte, investierte er die Gage für »Le Départ« dann in einen ähnlich emblematischen Sportwagen: einen Ford Mustang. Eine polnische Geste, in der Sehnsucht nach westlicher Freiheit die naheliegende deutsche Variante zu ignorieren, um bei jenem Pony-Car zu landen, das in direkter mythologischer Verbindung zu den Wagentrecks der Wildwestzeit steht. Dass Skolimowski während der Dreharbeiten den Elfer fahren durfte, bereitete ihm großes Vergnügen und bis heute ist ihm der Klang dieser Ur-Elfer im Ohr. Auch sie waren ein wichtiges Element für die filmische Präsenz des Sportwagens, die akzentuiert und dramatisiert wurde durch den Soundtrack seines engen Freundes Krzysztof Komeda.

Umstürzlerisch wirkt der Film dennoch. Wüster Klamauk reißt lustvolle Konventionen ein. Der Held macht vor nichts halt. Er will einen Porsche 911. Es ist sein Schicksal. Er flirtet mit Frauen, die so alt sind wie seine Mutter, verkauft sein Hab und Gut, zerstört Freundschaften und verrät alles und jeden für die Fahrt in einem Porsche 911. Als er mit einer älteren Kundin in deren Mercedes Pagode durch die Nacht fährt, schwärmt er ihr von dem Porsche vor, bis sie beginnt, ihn oral zu befriedigen, um ihn zum Schweigen zu bringen. Die Befriedigung währt nur kurz und schon geht es weiter mit der Suche nach einem Porsche 911 S, wie er seine Sehnsucht konkretisiert. Als Nebenprodukt der Suche nach dem Auto lernt er ein wunderschönes, blondes Mädchen kennen. Sie wird zur treuen Begleiterin seiner Suche.

Skolimowskis Vorbild Jean-Luc Godard nutzt zur selben Zeit den Autoverkehr als Metapher für das Scheitern der westlichen Lebensart: Aus dem Konsum von Mobilität wird in »Weekend« ein Blutbad. Ein Jahr vor der Studentenrevolte zeigt »Le Départ« dagegen eine Jugend, die ihre exzessiven Fantasien von Abenteuer, Luxus und Überschreitung vergleichsweise problemlos ausleben darf. Sie ist antiautoritär, weil die Autoritäten (Chef, Polizei, die Reichen) längst ihren Schrecken eingebüßt haben. Marcs Treiben trägt nicht nur in pubertären Masochismen einen autodestruktiven Zug, wenn sich Marc die Nase blutig schlagen lässt, sich wie ein Protopunk eine Sicherheitsnadel in den Arm steckt oder mit der Rasierklinge den Hals aufschneidet. Das Fahren des übersteuernden Elfers wirkt dabei wie die existentiellste Selbstgefährdung. Nicht nur der Held fährt den Elfer stets am Rande des Crashs. Der Ur-Elfer schleudert durch die engen Spitzkehren des alten Brüssels oder driftet über die Landstraßen um die belgische Großstadt herum. Die im Film gezeigten Elfer befinden sich entweder im steten Drift oder stehen wie Skulpturen absoluter Eleganz in einem Brüssel, das oft genug aussieht wie eine polnische Stadt. Es ist Skolimowskis erster Film in Westeuropa. Der Film gewann bei der Berlinale den Goldenen Bären und erscheint filmhistorisch als direkter Vorläufer von May Spils' »Zur Sache, Schätzchen«, der ein Jahr später in die Kinos kam.

Skolimowski zeigt den Elfer liebevoll. Seine Kurven sind stets dramatisch ausgeleuchtet. Der weiße Porsche am Anfang des Films glänzt neu im Licht der Straßenlaternen. Die Bilder spiegeln das Schwärmen von Marc. Jean-Pierre

Léaud, der auch ein wenig aussieht wie der junge Regisseur, erscheint so offensichtlich als Double des Künstlers. Selbst in der ersten gemeinsamen Nacht liegt Marc vor dem Bett seiner Geliebten und mimt sich selbst am Steuer eines Elfers. Und da endet der Film wenig später. Irgendwie im Nichts. Kein Happyend. Es gibt keines. Eigentlich entwirft »Le Départ« den Mindset der Jugend nach der Rebellion. Der postheroische Hedonismus von Marc wird gut zehn Jahre später in »American Gigolo« zum Mainstream.

Der ADHS-Patient, der nie ruhig sein kann, dessen innere Unruhe ihn an das Lenkrad des Porsche treibt. Nur beim Rasen kommt er zur Ruhe, nur in diesen Szenen erhält der Film einen lyrischen Frieden. Das schleudernde Auto monumentalisiert Léauds innere Unruhe zu einem Ballett auf öffentlichen Straßen. Die Heckschleuder findet wie der Protagonist keine Balance und kein Halten. Gemeinsam gleiten sie an der Welt vorbei, die ihnen stets als zu langsam, zu unheroisch, zu bieder erscheint. Anders betrachtet geben sich der Porsche und der junge Mann als Sinnsuchender gegenseitig einen instabilen Halt. Der Porsche 911 dient stärker als die neue Freundin als materialisiertes Sinnangebot, während Marc den Porsche jene Verruchtheit ausleben lässt, die die im Zweifel kultivierten und anständigen Elfer-Besitzer wie Marcs Chef oder der Porsche-Händler dem Coupé nicht mehr abverlangen. Als ein wildes und ungestümes Auto erscheint Marc der Elfer die ideale automobile Erweiterung seines Selbst. Der Elfer hat nur oberflächlich den Gestus der Arrivierten, seine Essenz ist der Widerstand gegen die Routine des Status quo.

Als Marc mit seiner Freundin auf der Suche nach Elfern ist, die sie entwenden könnten, gleicht dies einem Suchen nach einem seltenen Schatz. Der Porsche ist ein Auto, das auch in

einer wohlhabenden Stadt wie Brüssel nicht an jeder Straßenecke angetroffen werden kann. Dabei ist bemerkenswert, wie sehr der Elfer als ein urbanes und eben nicht in Schlössern und Anwesen verstecktes Sportgerät gesehen wird. Es ist ein junges Auto, eines, das nach einem 19-jährigen Fahrer schreit, so wie die im Film gezeigte Pagode zu Recht einen alternden Vamp als Fahrerin besitzt.
So respektlos die Art der Beschaffung des Porsche ausfällt, so liebevoll erscheint der Umgang mit ihm. Auch ein Anarchist wie Marc respektiert Autoritäten, der Porsche scheint ihm eine zu sein. Die Hingabe zum Auto steht in denkbar scharfem Kontrast zur sonst umfassenden Respektlosigkeit von Marc. Eine ähnliche Konstruktion wird in der Fernsehserie »Californication« genutzt, um den notorisch untreuen Womanizer Hank Moody zu charakterisieren. Seine einzige Liebe, der er treu bleibt, gilt einem schwarzen Porsche 911 Cabriolet. Auch Moody versteht sich als unpolitischen Anarchisten. Er wütet gegen die herrschenden Verhältnisse, ohne eine gesellschaftliche Alternative zu besitzen. Er ist radikales Individuum. Am Ende von »Le Départ« bleibt offen, ob der Held sich mehr in das Auto oder in das Mädchen verliebt hat: Beide erscheinen gleich verführerisch.

Mit Marc schuf Skolimowski den Archetyp des Porsche-Elfer-Fahrers im Kino. Es ist ein Fahrzeug für Überindividualisten und Geschwindigkeitssüchtige. 1970 bekommt ein Porsche 911 S in dem Rennfahrer-Film »Le Mans« den ersten Hauptauftritt. Steve McQueen fährt das schiefergraue Modell im Morgen durch die französische Provinz zur Rennstrecke von Le Mans. Auch Regisseur Lee Katzin nutzt den Elfer als Double des Helden, jenes Rennfahrers, der gegen den Deutschen mit dem etwas teutonischen Namen

Erwin Strahler, der einen Ferrari pilotiert, antritt, um den von ihm verschuldeten Tod seines Rennfahrerfreundes zu überkommen. Der melancholisch matt lackierte Ur-Elfer ist der alltägliche Begleiter eines sensiblen Draufgängers. Nach diesem Film bleibt der Elfer als Accessoire ein Auto für Individualisten und Einzelgänger. Der forensische Psychologe Alex Cross, gespielt von Morgan Freeman, fährt einen schwarzen Ur-Elfer wie ein Batmobil für Intellektuelle, wenn er darangeht, psychopathische Serienkiller dingfest zu machen. In den beiden Verfilmungen der James-Patterson-Romane »… denn zum Küssen sind sie da« und »Im Netz der Spinne« ist der schwarze Elfer, Baujahr 1974, eine blecherne Erweiterung des Protagonisten-Selbst. Wie sein Auto ist Morgan Freeman von Kopf bis Fuß in Schwarz gekleidet. So wandelt und fährt er als grüblerischer Existentialist zwischen biederen Polizisten, die den erfolgreichen Wissenschaftler und Buchautor wie einen Alien behandeln. Dass der Psychologe Afroamerikaner ist, verschärft dessen Marginalisiertheit, die er aber im Laufe der Bücher wie Filme in seinen Vorteil ausbaut, um zum Zentrum des Geschehens zu werden. Sein Porsche ist eine Schutzhülle und ein Ort, um Kraft zu tanken. Zudem signalisiert er eine elegante Sportlichkeit. Eine ähnlich schillernde Figur ist Robert Redford in »Spy Game«. Er ist ein CIA-Abteilungsleiter, der eine Militäroperation in China organisiert und kurz vor der Enttarnung in seinem grünmetallic Ur-Elfer aus dem streng gesicherten Gelände in Langley fliehen kann. Kein Wunder also, wenn Hollywoodstars von Paul Newman über Steve McQueen bis Lindsay Lohan auch privat Porsche 911 fahren. Die Wahl dieses Autos stellt die Behauptung auf, sich selbst in seiner Individualität ernst zu nehmen – und gut dabei aussehen zu wollen.

Das Fahrzeug des Revolutionärs

Das Ende der RAF lauerte in der Gustav-Freytag-Straße. Wie oft war Andreas Baader wohl an dem gelben, nicht einmal ein Jahr alten Porsche 911 S Targa mit den schwarz eloxierten Chromteilen vorbeigefahren, bevor er entschied, dass dieser Wagen sein nächstes Flucht- wie Repräsentationsfahrzeug werden könnte. Der Frankfurter Fotograf, Rainer Schlegelmilch, hatte seinen dritten Elfer im Juni 1971 bekommen, nachdem sein bisher letzter Elfer 1969 an einer Ampel im schweizerischen Bellinzona, nahe der italienischen Grenze, von einem Lkw gerammt und geschrottet worden war. Schlegelmilchs Freundin hatte einen Schock und verzog sich ins Hotel. Der Fotograf flog nach Frankfurt und mietete sich dort bei Hertz einen Porsche 912, den »Damen«-Porsche, wie er ihn nannte, und fuhr auf der Stelle zurück nach Bellinzona, packte die Freundin ein und kam einen Tag später nach Monte Carlo, um den Grand Prix dort zu fotografieren. Die Versicherung bekam neben der Meldung eines Totalschadens auch eine Mietwagenrechnung von gut 5.000 Mark, eine für damalige Verhältnisse monströse Summe, die diese aber umgehend überwies. Zurück in Frankfurt bestellte Schlegelmilch sofort einen neuen 911 S Targa. Wieder in jenem besonderen Gelb und mit jener üppigen Motorisierung, die diesen Elfer zum Stärksten im Programm machte. Der »S« galt als echter Kenner- und Männerwagen. »Jjjumm« lautmalte »Der Spiegel« 1966 in der Überschrift zur Vorstellung des damals 160 PS starken, knapp 230 Kilometer pro Stunde schnellen und knapp 25.000 Mark teuren (und damit fünfmal so teuer wie ein Käfer) Sportwagens. Bei diesem Fahrzeug gehe es nicht um die Höchstgeschwindigkeit, erklärte Porsche-Pressechef und Rennleiter Huschke von Hanstein, sondern um eine noch stärkere Beschleunigung, »wenn Gefahr droht«. Der Wagen beschleunigte in weniger als sieben Sekunden von null auf hundert Kilometer pro Stunde. Ein Münchner Jurist warnte damals, diese Fahrleistungen wären verbrecherisch. Vielleicht hatte das Baader gelesen. Für Anfänger nicht geeignet, hieß es in der Gebrauchsanleitung. Als Baader den »S« in der Gustav-Freytag-Straße entdeckte, war dieses Auto 190 PS stark und über 230 Kilometer pro Stunde schnell. Es war nicht der erste Elfer, den Baader geklaut hatte, aber es sollte sein letzter sein. Anfang der 70er Jahre war ein Elfer ein besonderes Auto – und der höchst motorisierte »S« nicht nur für Experten ein Hingucker. Baader ließ den Targa in Violett umlackieren, ziemlich mies, wie der ursprüngliche Besitzer bei der Identifizierung in der BKA-Garage in Wiesbaden feststellen musste. Anfänglich hatte das Bundeskriminalamt den Fotografen sehr genau unter die Lupe genommen. Mit seinen längeren Haaren und dem künstlerischen, wenig bürgerlichen Lebenswandel könnte er in das Schema der Sympathisantenszene gepasst haben. »Ich fröhlich frei mit Jeans, Hosenträgern und Pistolen an der Wand, die ich mir in Portugal gekauft hatte«, erinnert sich Schlegelmilch. Dass die alten Pistolen waffenscheinpflichtig waren, interessierte die hohen BKA-Beamten nicht. Sie wollten alles über den Porsche und den Lebenswandel des Fotografen wissen.

Wie ernst die Lage war, hatte er schon kurz nach der Verhaftung von Andreas Baader realisiert. Damals war er auf dem Weg zum Großen Preis von Belgien, als er direkt hinter Aachen zuerst von einem Polizeiwagen verfolgt und schließlich von drei Polizisten auf der Straße gestoppt wurde, die mit Maschinengewehren auf den Fotografen und seine Freundin zielten. »Sag jetzt bloß nicht Andreas zu mir«, witzelte Schlegelmilch. Oft genug hatte er sie im Spaß »Ulrike« genannt. Das war die hessische Art, mit dem Wahnsinn des RAF-Terrors umzugehen. Nach Durchsicht der Papiere wurden die beiden von den Polizisten durchgewunken. Erst da hat Schlegelmilch geahnt, dass die Festnahme Andreas Baaders in der Nähe eines Porsche mit seinem heißgeliebten Targa S zu tun haben könnte.

Dank Baaders Liebe zum Elfer waren dessen Fahrer im Juni 1972 für ein paar Tage im Zentrum polizeilicher Ermittlungen. Schlegelmilch erinnerte sich, dass auch ein Kollege von der Polizei gestoppt wurde, weil ein Polizeihubschrauber mit Fernglas ein Novoflex-Pistolengriff-Objektiv entdeckt hatte, das von oben an eine Maschinenpistole erinnerte.

Der Elfer war für Schlegelmilch stets ein Traum. Zuvor hatte er einen Volvo, einen Käfer mit 24,5 PS und – am Anfang seiner Autokarriere – einen Zündapp Janus mit 13 PS. Mit diesem viersitzigen Rollermobil, das von einem Einzylinder-

Zweitaktmotor angetrieben wurde, fuhr er von Frankfurt aus zu seinem ersten Autorennen nach Monza, »den Gotthard rauf mit 15 Kilometern pro Stunde«, wie er sich erinnert. Seinen ersten Porsche bespricht er mit keinem Geringeren als Ferdinand Piëch selbst. Der ist damals Rennleiter von Porsche bei der Targa Florio, als er den gewandten Fotojournalisten kennenlernt. Nachdem er erzählt hat, dass er sich einen Elfer bestellen will, mahnt ihn Piëch zur Geduld. »›Warten Sie doch noch ein paar Wochen, es kommt jetzt das Auto raus mit einem Faltreserverad und einem deswegen vergrößerten Tank.‹ Das habe ich auch genau so gemacht.« Der Targa mit den 130 PS kostete damals knapp 23.000 Mark. Mit diesem Targa begann eine lebenslange Leidenschaft. Seit 2012 fährt Schlegelmilch seinen elften Elfer. Auch ein Jubiläum.

Andreas Baader wurde der Elfer Schlegelmilchs zum Verhängnis. Vier Monate nach dem Diebstahl, am frühen Morgen des 1. Juni 1972, waren die Fahnder des BKA ziemlich überrascht, als ihnen ein auberginefarbener 911 Targa in der Einbahnstraße laut röhrend entgegenkam, ganz in der Nähe von jenem Ort, wo Baader den Elfer geklaut hatte. Am Steuer saß ein aufgedunsener Mann mit schlecht gefärbten rotblonden Haaren, daneben saß der 1,90 Meter lange Holger Meins und auf einem der beiden Notsitze im Fond kauerte Jan-Carl Raspe. Die zum damaligen Zeitpunkt wichtigen Köpfe der Roten Armee Fraktion waren in dem Zuffenhausener Targa zusammengequetscht. Es hatte etwas Satirisches: Es war wohl auch Baaders Hang zu heroischen Filmszenen geschuldet.

Der Wagen wurde entgegen der Fahrtrichtung geparkt, als sich die drei Terroristen auf den Weg zu jener Garage machten, in der ein noch exotischeres Auto wartete als der 911 S: ein Iso Rivolta, von dem es damals gerade 700 Exemplare weltweit gab. Ein Anwohner hatte beobachtet, dass die drei jungen Männer auch im Frühjahr nur mit Handschuhen die Garage öffneten und schlossen. Er alarmierte die Polizei und die legte sich auf die Wache. Als die 60 Polizisten loslegten, hatten die drei RAF-Mitglieder keine Chance. Baader stand, wie sein Biograph Klaus Stern notiert, mit einer Kippe im Mund, einer Ray Ban auf der Nase, vor dem Iso Rivolta und wartete, wie von dem Schusswechsel aufgeweckte Anwohner beobachteten, darauf, abgeknallt zu werden. In der Nähe jener Objekte der Begierde, die ihm von Kindesbeinen an, zu Straftaten verführten. Nach zwei Stunden Schießerei ist Baader schwer verletzt und die anderen beiden können abgeführt werden. Die Filmaufnahmen der Festnahme zeigen ein 29jähriges Wrack, das aussieht wie Mitte 40. Die Wahl der Autos legt nahe, dass Baader es darauf angelegt hat. Sie geben dem nihilistischen Terror, der größenwahnsinnigen Ideologie und dem stumpfsinnigen Alltag im Underground eine campe Note. Sie sind letztes Augenzwinkern eines Schwabinger Strizzis, den die politischen Erschütterungen seiner Zeit in den Terror abrutschen ließen.

Eigentlich wollte Baader zum Film, heißt es in einer der vielen liebevollen Annäherungen an den Terroristen. In den Schwabinger Programmkinos lief in den späten 60er Jahren Russ Meyers »Faster Pussycat! Kill! Kill!«, in dem die Heldin Varla, ganz in Schwarz, in einem schwarzen Porsche 356 ihren Unfrieden mit der Welt in heilloser Gewalt austobt. Die Männer in diesem Film sind, wie so oft bei Russ Meyer, schwache, verführbare Objekte der Begierde, die von den

Frauen in jeder Hinsicht benutzt werden können. Die Geschlechterrollen sind vertauscht und dass die drei Heldinnen des Films mit einer heiteren, aber schnellen Verfolgungsjagd eingeführt werden, setzt ein Zentralmotiv, dem der Film bis zum Ende treu bleibt: das Auto als ein lustvoll anzusehendes Mordinstrument. Dass Varla den Porsche von Russ Meyer fährt, hat nicht nur mit Kostengründen zu tun, sondern auch damit, dass das Autonomiestreben der Heldin mit dem des Filmemachers zusammenfällt. Gefragt, was sie will, antwortet sie entschieden: »Alles – oder zumindest, soviel ich bekommen kann.«

Ihr Tod steht am Ende des Films. Varla war eine Zeitreisende. Ihr dramatisches Make-up, die schwarzen Haare, die pechschwarze Kluft und der schwarze Porsche parodieren die Düsterkeit des Existentialismus und die Rastlosigkeit der Beatniks. Varlas Hipstertum ist gekippt: Aus der ästhetischen Geste der Auflehnung, wie sie ihre kulturellen Vorbilder noch als Kitzel verspürt haben, wird bei ihr nackte Gewalt. Die Abrechnung mit dem Rest der Welt soll real werden. Sie plädiert für den Terror als Theater der Grausamkeiten und Russ Meyer, der deutschstämmige Polizistensohn, arrangiert dies 1966 kühl und mitleidslos. Der Sportwagen war zu dieser Zeit in Filmen wie »Vanishing Point« (Fluchtpunkt San Francisco, 1971) ein Vehikel der Flucht und des Außenseitertums oder wie in »Harold and Maude« (»Harold und Maude«, 1971) der zum Leichenwagen umgebaute Jaguar E-Type ein Symptom aufreizender Dekadenz und Mainstream-Verachtung. Nach dem Scheitern der Rebellion und des Aufbruchs der späten 60er Jahre bleibt die Flucht, ohne wirklich tieferen Sinn und Zweck. Kowalski, der baadersche Held in »Vanishing Point«, rast am Ende mit Drogen vollgepumpt als Außen-

seiterheld mit Vollgas in eine Polizeisperre und atomisiert sich und sein mechanisches Double als letzten Höhepunkt einer existentiellen Reise ins Nichts, die dem Film als Narrativ Struktur verleiht. Anders als die introvertierte Geste des Intellektuellen bei der Selbstzerstörung bieten Varla, Kowalski und später auch Baader eine filmische Dramaturgie an. Baaders Entschluss, einen quietschgelben 911 S zu stehlen und ihn lila umzulackieren, geht als exzentrische Note durch, ihn als überall gesuchter Staatsfeind Nummer 1 gegen die Richtung der Einbahnstraße in einem eher bürgerlichen Viertel Frankfurts in früher Morgenstunde mit lautem Motorgekreische zu bewegen, kann nicht anders als eine Form existentialistischen Roulettes interpretiert werden. Es hat wenig mit irgendeiner Revolution im Geiste der linken Klassiker zu tun, es ist eine fiebrige Sehnsucht nach absoluter Überschreitung. Dass in der Garage, wo Baader und seine eher dem Bild des Revolutionärs entsprechenden Genossen verhaftet werden, ein noch exklusiverer Sportwagen wartet, deutet ein Delirium an. Baader, der Autodieb, hat wie Jean-Paul Belmondo in Godards »Außer Atem« die Kontrolle über sich, sein Leben und die ihm verstört folgenden Einser-Abiturienten mit Lenin-Spleen verloren.
Auf dem Cover jenes Bildbandes, den Schlegelmilch seiner Lieblingsfirma Porsche gewidmet hat, glänzt ein 964er Turbo im Abendlicht. Eine halbe Stunde vor Sonnenuntergang zeigt er seine sinnlichen Rundungen. Licht und Schatten schaffen sinnliche, laszive Wellen und Täler, die ohne sonderlich ausschweifende Fantasie mit der Körperlandschaft einer jungen, sportlichen Frau in Verbindung gebracht werden können. Damit berührte der Elfer auch die zweite Leidenschaft des Andreas Baader: die Frau als Objekt seiner eigenen Selbstwirksamkeit. So gesehen waren

Frauen wie Porsche wie das ganze Land in Zeiten des Terrors Missbrauchsobjekte. Baader liebte weder Frauen, noch Porsche, noch das Land. Er wollte sie besitzen und rauben, um zu sehen, was er mit ihnen anstellen konnte. Und doch blieb er denkbar konventionell in seinen Träumen und Machtfantasien.

1974
1989

Das G-Modell

Der goldene Schnitt

Ein Jahr nach Andreas Baaders Verhaftung wurde der Ur-Elfer durch das G-Modell ersetzt. Mit dem G-Modell begann ein Reifungsprozess des 911ers, der über die in drei verschiedenen PS-Stärken gebauten SC-Modelle zu dem hochklassischen 911er Carrera führte. Mit seinen 231 PS und den entsprechenden Fahrleistungen war dieser 911er, anders als die ihre Sportlichkeit stets überdeutlich vor sich hertragenden S- und RS-Modelle, ganz und gar affektfrei. Dieser

Elfer streckte und verlängerte die Marktfähigkeit des Ur-Elfers, dessen Formensprache er feinsinnig weiterentwickelte. Die Abmessungen waren nahezu identisch und auch im Inneren blieb das meiste wie bisher. Waren die G-Modelle in den ersten vier Jahren basismotorisierte Serienvarianten modifizierter Ur-Elfer, wurde 1978 mit dem ersten SC die breitere Karosserie des Carrera zum Standard und das G-Modell erhielt jene sinnliche, hochelegante und bestproportionierte Erscheinung, die insbesondere in den letzten fünf Jahren als »Carrera«-Modell für viele Elfer-Freunde der ansehnlichste Porsche geworden ist. Der Elfer erhielt seinen goldenen Schnitt. Für die Freunde der luftgekühlten Elfer, die sich salopp »Luftis« nennen, materialisiert das G-Modell das Ideal des Elfers. Erst zum Ende, mit dem Modelljahr 1989, wurden die 16-Zoll-Fuchsfelgen, vorne sechs Zoll, hinten acht Zoll breit, Serie. »Die Optik wurde dadurch noch ansprechender«, vermeldet Jörg Austen in seiner technischen Dokumentation der Elfer. Die Fuchsfelge gehört zum Elfertum wie der Boxermotor. Schon 1962 war der sauerländische Zulieferer Otto Fuchs gebeten worden, eine Leichtmetallfelge zu entwickeln, die leicht, solide und – nun ja – ansprechend sein sollte. Sie war als Extra für die sportlichsten Elfer gedacht und wurde erst mit dem letzten Baujahr des G-Modells Serie. Anfänglich war der Felgenstern blank poliert und der Hintergrund schwarz lackiert, mit den G-Modellen wurde der gesamte Felgenstern schwarz lackiert. Was für Männer und Frauen der Schuh ist für den Sportwagen die Felge: der Prüfstein dafür, wie ernst man es nimmt mit der Eleganz der Erscheinung.

Diese Carreras sind die Entsprechung zu den Supermodels dieser Ära: Linda, Christy und Cindy, wobei der Carrera am ehesten mit der klassischen Schönheit einer Christy Turlington verglichen werden könnte. François Truffauts letzter Spielfilm »Vivement dimanche!« (»Auf Leben und Tod«, 1983) beginnt mit dem Blick auf einen frisch gewaschenen schwarzen 911 SC mit schwarzen Fuchsfelgen und beigen Ledersitzen. Der Wagen gehört dem Geschäftsmann Jacques Massoulier, der in der Nähe seines Wagens erschossen wurde. Truffaut filmt den Wagen wie eine Frau, die Rundungen sind durch das Sonnenlicht von oben und den Schatten von der Seite besonders betont. Die Scheinwerferrohre ragen wie ein übergroßes Dekolleté ins Bild. Die Rolle dieser Schönheit wird im Film von Fanny Ardant übernommen. Von Truffaut stammt die vergleichsweise hedonistische, antiintellektualistische Definition der Nouvelle-Vague-Filme: Es ging darum, »schöne Frauen schöne Dinge tun zu lassen«. Und dazu gehörte stets auch, aufregende Autos zu fahren. Der Cameo-Auftritt des G-Modells kommt einer Verneigung vor dessen mondäner Eleganz nahe.

Auch in Hollywood wird mit den Reizen des G-Modells wenig gegeizt. In dem Thriller »No Man's Land«, der deutsch bezeichnenderweise »Tatort 911« heißt, bekommt der Elfer, vor allem die unzähligen G-Modelle, die Hauptrolle. Eigentlich sollte dieser Film das Psychogramm zweier unterschiedlicher junger Männer sein, eines Porsche-verliebten Cops und eines ebenso Elfer-vernarrten Millionärssohns, der mit seiner Bande ausschließlich Elfer, bevorzugt die G-Modelle, stiehlt. Doch die Figuren bleiben blass und unkonturiert, während Regisseur Peter Werner in dem 106 Minuten langen Spielfilm kaum einen narrativen Vorwand auslässt, den Elfer beim Cruisen, Rasen, Schleudern und natürlich in jeder Menge Verfolgungsjagden in Szene zu setzen. Auch in diesem Film gibt das G-Modell das Supermodel: Es veredelt mit polierten Oberflächen und der Grazie seiner Bewegung eine ziemlich einfältige Geschichte.

Der Designer Thomas Elsner nennt das G-Modell das »Herzschlagmodel«. Wenn er eines sehe oder auch nur höre, »steigt mein Puls, als würde mir eine schöne Frau entgegenkommen«. Obwohl er jahrelang einen Targa aus dieser Zeit gefahren habe, habe er von diesem Auto nicht genug. Andere Elfer-Freunde greifen nach Jahren mit einem 996er oder 997er wieder auf dieses Modell zurück und sind geschockt, wie einfach selbst die 89er-Baujahre noch sind. Ohne Servolenkung, mit einer knüppelharten Kupplung wird das Fahren auch körperlich anspruchsvoll. Die Scheibenwischer stammen – wie viele Knöpfe am Armaturenbrett und der Look und Feel der Belüftung – aus dem Käfer. Bei hohen Geschwindigkeiten macht sich der Heckscheibenwischer los und die Scheibe des Coupés scheint steil in die Höhe zu ragen. Die beiden Scheinwerferrohre ragen kühn in die Luft. Frontscheibe und Dekolleté sorgen für eine beeindruckende Geräuschkulisse und für einen für diese Zeit fast niederschmetternden c_w-Wert von 0,4.
Sascha Keilwerth fährt einen 911 SC, Baujahr 1978, dessen Laufleistung bei mittlerweile 675.000 Kilometern liegt. Sein G-Modell hat über 360 PS und ist schon mit 324 Kilometern pro Stunde gelasert worden. Keilwerth hat Kfz-Mechaniker gelernt, wurde dann Diplomingenieur und Diplomkaufmann. Für ihn ist das G-Modell genauso Ur-Elfer wie das F-Modell, wie die Ur-Elfer offiziell heißen. Das sind Autos für diejenigen, »die ihre Cornflakes ohne Milch essen«. Wenn er hört, dass sich jemand ein G-Modell gekauft hat, gratuliert er zum »besten Auto deines Lebens«. Er liebt den

Sound, wenn er morgens »nach einer Tasse Öl« seinen Luftgekühlten anwirft, die Vibrationen des Motors, die den Rücken wachmassieren. Und wenn das Auto nach dem Ritt ins Büro steht, knackt und knarzt der gesamte Motorblock, weil sich durch die thermische Belastung die Zylinderköpfe im Abkühlen wieder anpassen müssen.
Der Motor des 231 PS starken Carrera erregt auch ein Vierteljahrhundert nach seiner Premiere mit einer harmonischen, drahtigen Leistungscharakteristik Aufsehen. Nach einem muskulösen Durchzug von null auf 200 Kilometer pro Stunde muss in den fünften Gang geschaltet werden, um in Richtung 250 zu schieben. Das G-50-Getriebe arbeitet exzellent und wer ein gut eingefahrenes Modell aus diesen Jahren erwirbt, dem kann es passieren, dass er auf der Autobahn schreien muss vor Glück, so ein wunderbares Fahrgefühl verbreitet dieser letzte, rauhe, wüste, ursprüngliche Elfer. Der Klang dieses Motors verbittet dem Connaisseur das Anstellen des Radios. Es ist der letzte singende Elfer, der Nachfolger 964, ein verglichen damit ungemein modernes Auto, röhrt und faucht.
Oft genug wurde der Elfer weiterentwickelt, nicht weil es ein fundamentales Bedürfnis zur Produktoptimierung gab, sondern weil Porsche auf die rigiden Sicherheitsanforderungen für den für die Sportwagenmanufaktur alles entscheidenden nordamerikanischen Markt reagieren musste. Deswegen werden die filigranen, chromblitzenden Stoßstangen gegen Teleskop-Stoßfänger mit Faltenbälgen getauscht. Der Hintern des Carrera wächst, damit die größer werdenden Boxer-Aggregate Platz finden können, zugleich wirken die wulstigen Stoßfänger dazu besser proportioniert. Die Felgen werden größer, die Reifen breiter. Das Chrom, das automobile Analogon zu Stuck und Parkett, verschwindet. Aus

den kommoden Polstersesseln für Fahrer und Beifahrer werden sportliche »Chorstühle«, bei denen die Kopfstützen in die Lehnen integriert werden. Das Kuppeln wird spürbar leichter. »Auto Motor Sport« spricht »von einem mutigen Schritt in die Moderne«.

Wie immer bei Porsche gab es Puristen, die dem Designchef Anatole Lapine das richtige Fingerspitzengefühl für den Sportwagen absprachen. Dabei war Lapine mit seinem Sinn für Eleganz dem Geist von Porsche nahe: Er verachtete »Protziges« und liebte den Luxus. Dass Lapines Entwurf 30 Jahre später als klassische Schönheit gilt, unterstreicht, dass zu diesem Zeitpunkt das Gefühl für die richtige Mischung aus Innovation und Tradition in der Weiterentwicklung des Elfers gefunden war. Das war auch der Präsenz von Ferdinand Alexander Porsche zu verdanken, der im Aufsichtsrat als Lordsiegelbewahrer (»custodian«) der Tradition galt, wie sich Lapine gerne erinnerte.

Lapine hatte, in Riga geboren, bei Daimler ausgebildet, bei General Motors an der Corvette mitdesignt (schon damals fuhr er einen 59er 356 Carrera), Ende der 60er Jahre bereits mit Ferdinand Piëch den Nachfolger des Porsche 911 entworfen, den sich Piëch als einen dreisitzigen Sportwagen mit vier, acht und zwölf Zylindern vorstellte, bei dem der Fahrer in der Mitte saß. Er hätte den Elfer 1973 ersetzen sollen, doch nach den Wechseln im Vorstand von Porsche wie bei VW wurde daraus nichts. Die Familie Porsche zog sich aus dem Betrieb zurück. Aus Porsche wurde eine AG und die Familie übte ihren Einfluss nur mehr über den Aufsichtsrat aus. Als Lapine den Ur-Elfer überarbeitete, geschah dies vor einem größeren Panorama an Möglichkeiten und es ist der feinsinnigen Detailgenauigkeit des Designers zu verdanken, dass dieses G-Modell weniger einen von

Piëch noch ersehnten Quantensprung bedeutete, sondern eine kritische Rekonstruktion des Urmythos im Geist des Minimalismus. »Um etwas zeitlos erscheinen zu lassen, muss man sehr viel Arbeit reinstecken«, erklärte Lapine 1986 in der »Stuttgarter Zeitung«. »Was meinen Sie, was Marlene Dietrich alles tut, um zeitlos zu wirken?«

Verglichen mit dem nachfolgenden 964er-Modell mit seinem ausfahrbaren Spoiler, seinen elektronischen Fahrhilfen, dem Allradantrieb, den wulstigen Stoßstangen vorne und hinten nahm sich der Carrera wie eine Renaissance-Skulptur aus. Die »Männer-Vogue« empfahl 1989 den Kauf des Klassikers von morgen, bevor der neue Elfer mit der Silhouette eines Hängebauchschweins in die Porsche-Verkaufshallen rollte.

Der Elfer wird stärker und schneller. Der nur 110 Mal gebaute Carrera RS 3.0 hat 230 PS, zwei Jahre später wird der 911 Turbo vorgestellt, der das Elfertum fahrdynamisch in eine andere Dimension versetzt. Der Turbo verstärkt das weiterhin neurotische Fahrverhalten des Heckantrieblers durch einen brachial einsetzenden Turboschub, der selbst erfahrene Porsche- und Sportwagenfahrer zu Beginn erschreckt. Renn-Ingenieur Peter Falk nennt den verzögerten Turboschub auf kurvigen Strecken fast kriminell, in jedem Fall aber »gewöhnungsbedürftig«. Für Walter Röhrl, der sich 30 Jahre später einen Turbo mit 3,3 Litern kauft, ist dieses Auto eine wunderbare Herausforderung, weil es von einem normalen Autofahrer eigentlich nicht beherrscht werden kann.

Der Vorläufer des Turbos war mitten in der Ölkrise auf der IAA 1973 in Frankfurt vorgestellt worden und sorgte im Gewand eines Carrera RS 3.0 für Aufsehen. Gut ein Jahr später auf dem Pariser Automobilsalon wurde der Turbo nahezu in Serienreife präsentiert. Die Heckpartie war abermals breiter geworden, aus dem Entenbürzel des RS wurde ein monströser Heckspoiler, der bei jungen Porsche-Familien auch als Wickeltisch zum Einsatz kam. Statt Chrom gab es mattes Schwarz und jede Menge Rennsporttechnik aus dem RSR und dem Porsche 917. Die gestoppten 5,5 Sekunden von null auf hundert Kilometer pro Stunde waren zu diesem Zeitpunkt eine Sensation, die Höchstgeschwindigkeit jenseits der 250 Kilometer pro Stunde mehr als beeindruckend. Der Durchschnittsverbrauch von 20,9 Litern passte schon damals nicht mehr in die Zeit. Dennoch verkaufte sich – trotz anfänglicher Zweifel – der Turbo sehr gut, weltweit. Der Turbo Nummer 1 ging 1974 als Geburtstagsgeschenk an Louise Piëch. Der tausendste Turbo lief bereits ein Jahr nach Produktionsbeginn 1976 vom Band.

Das Auto der Ferkel Vol. I

Bei Heinrich Böll, dem guten Menschen der deutschen Nachkriegsliteratur, fährt den Porsche ein Schwein. In dem Rührstück »Die verlorene Ehre der Katharina Blum«, 1972 veröffentlicht, wird mit dem Bösen auf dieser Welt abgerechnet, in Gestalt der Boulevardzeitung namens »Zeitung«. Der Boulevardjournalist Tötges, dessen schmierige Art in brechtscher Dimension monströs gezeichnet ist, fährt einen Porsche 911. Es ist die blecherne Krone eines verkommenen Lebens und Charakters. Aber auch der eher heldenhafte, romantische Terrorist stiehlt, kurz bevor er Katharina Blum kennen und lieben lernt, einen Porsche 911. Es ist ein Fahrzeug für Täter. Keines für Opfer. Es ist ein Ausrufezeichen für testosteronverseuchte Aggression. Ein verbindendes Element der beiden Männer, die das liebliche Wesen Katharina Blum ins Verderben stürzen. War der Elfer bisher ein Auto der Helden und eines heroischen Individualismus, wird der Porsche hier zu einem Dingsymbol und Begleiter des Gefährlichen, Bösen, ja Infamen.

Volker Schlöndorffs und Margarethe von Trottas Verfilmung des Pamphlets gegen den Boulevardjournalismus startet mit der Szene, in der der Terrorist einem offensichtlich betrunkenen Wohlstandsverwahrlosten den grünen Porsche 911 stiehlt und damit von den ihn observierenden Polizisten flüchtet. Es ist eine nicht sonderlich subtile Referenz auf den geklauten Porsche von Andreas Baader. Wenig später, er hat Katharina Blum, die gute Heldin, schon kennen und lieben gelernt, gibt es eine kleine Verfolgungsjagd, in der der Elfer die S-Klasse der Polizei abhängt: Die Limousine galt schon vor der Schleyer-Entführung in linksliberalen Milieus als Symbol der verfetteten Führungsschicht der verhassten Bundesrepublik, der Vorstände und der Minister. In dem Film wirkt die S-Klasse wie ein Auto des Feindes, aber der gute Terrorist entkommt mit List, Mut und Geschick dank seines wieselflinken 911 Targa den Häschern.

Keine halbe Stunde später im Film, Katharina Blum ist bereits verhaftet, taucht der nächste Elfer auf. Er ist braun, sein eigentlich graziles Heck verunstaltet ein unpassend ausgreifender Heckspoiler, der angesichts der 165 PS dieses G-Modells ziemlich vorlaut anmutet. Es ist ein Porsche-Modell, das es zu Zeiten, als Böll den Text schrieb, so noch gar nicht gab. Schlöndorff und von Trotta aber entschieden sich wohl bewusst für ein Modell, dem die Aura des Unseriösen und Neureichen leichter geglaubt würde als einer fast skulptural friedfertigen Karosse, wie sie der Ur-Elfer darstellt. Den darf der Terrorist fahren, nicht aber der Boulevardjournalist. Der »Schmierfink« und »Witwenschüttler« hat bei seinem Elfer die Felgen goldfarben lackieren lassen. Der einst elegante Porsche wird so zu einem filmtauglichen blechernen Double des unseriösen, insgesamt ziemlich unausstehlichen Boulevardjournalisten Tötges und rollt so durch eine vor Überdeutlichkeit fast berstende Bild- und Textlandschaft. Der Elfer wird gesellschaftlich im Dunstkreis des Widerlichen geparkt.

Sympathisch wird dieses Auto nur als Fluchthelfer für einen Terroristen, doch auch dieser Elfer ist entstellt mit den aggressiv aufstehenden Zusatzscheinwerfern, die damals nur bestellte, wer auch in der Nacht mit seinem Elfer möglichst viele Menschen blenden wollte. In dieser Funktion ist er auch dem vulgären Wahrheits- und Rufmörder zuhanden. Da der Porsche damals wie heute ein eher teures Fahrzeug ist, erzählt die Tatsache, dass ein einfacher Reporter sich so einen Sportwagen leisten kann, auch einiges über die Unmoral des Kapitalismus. Zudem stellt diese Art von Porsche-Karikatur samt ihren Entstellungen dem Charakter des Besitzers zusätzlich zu den bestaunenden Abgründen auch eine gänzlich uneingehegte Eitelkeit aus, die er in dieser Moritat mit dem Leben bezahlen muss.

Ganz anders die gute Heldin. Sie fährt einen grünen Käfer. Katharina, griechisch für »die Reine«, ist, wie ihr Nachname verrät, der Natur und damit wohl auch dem Guten ganz nahe. Heinrich Böll lässt alle Namen sprechen. Der Terrorist Götten ist den Göttern nahe und damit wohl mächtig und gut, aber für Menschen unerreichbar. Der Boulevardjournalist heißt Tötges, weil er Menschen mit seinen Geschichten tötet. Deswegen wird der Porsche-Besitzer am Ende des Films hingerichtet. Die arme Käferfahrerin landet im Gefängnis. Mit Bölls Roman und der Schlöndorff-Verfilmung tritt der Porsche in das Zeitalter seiner Karikatur.

Von Tötges führt eine direkte Linie zu Helmut Dietls und

Patrick Süskinds ›Baby Schimmerlos‹, dem Klatschreporter in München, der weniger menschenverachtend als menschliche Schwächen ausnutzend seinem nicht sonderlich seriösen Job nachgeht und natürlich auch einen Porsche 911 fährt. Einen weißen Targa im breiten Turbolook, ebenfalls mit Heckflügel und den damals in München nur mehr in sehr lauten Kreisen verbreiteten Zusatzscheinwerfern. Der Heckspoiler als Synonym des Gemeinen wird zum grellen Make-up eines Sportwagens, der bis dahin lange ungeteilt die Sympathien der Deutschen besaß, wie Umfragen immer wieder belegten. Nun wird er im Zeitgeist der 70er, dann der 80er Jahre zu einer problematisierten Überschreitung des egalitären Grabens, der das Akzeptierte vom Zuverstoßenden trennt. Ein Elfer in Kriegsbemalung ist der bildungsbürgerlichen »moral majority«, die Diskurssysteme normiert und kontrolliert, genauso fern wie der ruchlose Boulevardjournalismus. Er provoziert Hass und Verachtung. Und dank Böll, Grass und Margarethe von Trotta wird der Elfer zur rollenden Festung der Reaktion: zum Anti-Käfer oder Anti-Volvo.

Wie deutsch dieser Zugang zu einer deutschen Ikone ist, verdeutlicht ein Blick auf ein Erzählungsfragment von Max Frisch, das dieser unter dem Titel »Skizze eines Unglücks« in seinem Tagebuch notiert hat. Darin wird die Geschichte einer Urlaubsreise in den Süden erzählt, die der Arzt Viktor mit seiner Geliebten Marlies unternimmt und die mit einem tragischen Unfall endet, bei dem die Frau auf dem Beifahrersitz stirbt. Viktor trifft keine Schuld, weil er Vorfahrt hatte, doch diese Entlastung durch die Polizei greift nicht, weil Viktor auf dieser Reise in die Provence, verunsichert durch die zweifelnden Fragen über den Fahrstil, zügiger und entschiedener fährt, als es eigentlich sein müsste. Sie schnallt sich nicht an, um ihn dazu zu bewegen, nicht noch schneller zu fahren. Sie macht ihm Vorhaltungen. »Immer ihr Blick aufs Tachometer gerichtet.« Auf der Autobahn zwischen Cannes und Saint-Raphaël fährt er 180, obwohl er ihr versprechen musste, nur 140 zu fahren. Er versteht ihre Angst als Zweifel an ihm. Er fährt so langsam, dass sie »jeder Volkswagen« überholt. Die Stimmung wird bedrückend. »Sie singt nicht mehr, er überholt nicht mehr, sie schweigen.« So rast das Akademikerpaar in eine Krise: Ihre Liebe erkaltet mit jedem Kilometer. Über das Auto selbst gibt es nur einen Satz: »Er fährt einen Porsche.«

Am Ende der Erzählung fahren sie in Montpellier auf eine Kreuzung zu. Die Beifahrerin macht Viktor auf einen Lkw aufmerksam. »Er hat den Lastwagen gesehen, aber nicht gebremst; er hatte Vorfahrt. Es kann sein, dass er sogar Gas gegeben hat, um zu zeigen, dass er sicher ist. Sie hat geschrien. Die Gendarmerie von Montpellier gab ihm recht.« Der Porsche-Fahrer gibt hier bestenfalls ein subtiles Feindbild ab, mehr noch wird ihm über die Erzählperspektive die Autorität des Autors verliehen. Er ist ein melancholischer Feingeist, der das Schnellfahren liebt, aber dessen Leben in dem Moment des Unfalls auseinanderbricht und der danach zwar Karriere bis zum Chefarzt macht, Frau und Kinder bekommt, aber die Schuld dieses Unglücks nie mehr von sich abtrennen kann. Porsche-Fahrer, das sind Menschen wie du und ich, insinuiert Frisch seinem anspruchsvollen Publikum. Es ist das Gegenteil einer Dämonisierung. Doch die lag gefälliger in der Zeit. Diese reagierte nicht mehr nur auf die soziale Spannung im Nachgang der Studentenbewegung, sondern auch auf die Erschütterung nach dem ersten Bericht des Club of Rome, der 1972 in bis dahin ungewohnter Schärfe und Radikalität das Wachstums- und Wohlstandsstreben der westlichen Welt problematisierte und damit natürlich auch eine Krone des Luxus wie den Porsche 911. Ein Jahr später raubte die Ölkrise letzte Zuversicht, dass es mit dem Überbietungswettbewerb an Leistung und Geschwindigkeit beim Automobilbau so weitergehen könne. Die ersten postmodernen Verzichtsapostel erkannten die Zeichen der Zeit. Politische Progressive verabschiedeten sich vom Konzept des Fortschritts und vollzogen eine Kehre im heideggerschen Sinne, weg von der Technik, zurück zu den Wurzeln in der Natur. Da war ein Porsche 911 eine Provokation. Ein Monument von Zuversicht und Fortschrittsglauben, das in seiner zehnjährigen Produktionszeit derart sprunghafte Entwicklungen genommen hatte, die bei seiner Präsentation 1963 vollkommen undenkbar gewesen wären. Nicht nur in Deutschland verbreitete sich ein rigider Moralismus, der das Egalitäre elitefeindlich zuspitzte.

Selten minimalistisch: der Heckspoiler

Die harmonische Idee des Miteinanders beginnt in den 70er Jahren aber auch auf der anderen Seite einzureißen. Waren nach der Währungsunion in Deutschland alle mit denselben 40 Euro und der Illusion einer absoluten Gleichheit der Startbedingungen gestartet, entwickelte sich in den 70ern die Gesellschaft verhalten, aber dennoch entschieden auseinander, mit ihr Anspruch und Märkte. Porsche erfuhr, dass vermeintliche Nischenprodukte nicht nur im Land, sondern weltweit imponierenden Absatz fanden. Das minimalistische Konzept des Porsche musste demnach Schritt für Schritt aufgegeben oder zumindest in seinem Purismus relativiert werden. Am Traditionsbruch führte kein Weg vorbei. Die Leistungswerte des 911 Carrera RS zwangen die Ingenieure und Karosseriebauer, der Urform des Elfers ungewöhnlich viel zuzumuten. Weil dieses Fahrzeug große Teile seiner Leistungs-DNA aus dem Rennsport bekam, kam Porsche nicht umhin, im Oktober 1972 mit dem Beginn der Serienfertigung des RS einen Heckspoiler auf der Motorhaube zu plazieren. Mithilfe der Abtriebsfunktion sollte der tendenziell nervöse Heckantriebler mit nun 210 PS ausgestattet auf der Straße gehalten werden, auch bei Spitzengeschwindigkeiten von bis zu 245 Kilometern pro Stunde. Aus Rücksicht auf die Urform beschränkten die Porsche-Ingenieure und Designer die aerodynamische Stabilitätshilfe auf das geforderte Minimum. Das hatte zur Folge, dass der Spoiler wie ein Entenbürzel aus der klassischen Silhouette herausragte und er künftig auch so genannt wurde.

Der bis dahin schnellste deutsche Serienwagen sollte ursprünglich nur für die Zulassung im Rennsport in einer Auflage von 500 Exemplaren gebaut werden, aber damit hatte Porsche das Interesse an einem solchen vergleichsweise teuren Supersportler unterschätzt. Der Werbeslogan »Nur 500 Männer werden ihn fahren« erwies sich als chauvinistische Fehleinschätzung. Rückblickend nutzten die damaligen Werbeverantwortlichen den Grund ihrer Fehleinschätzung zur feministischen Propaganda. Dass sich der Wagen am Ende mehr als 1.500-mal verkauft hat, wurde fälschlicherweise und ein wenig ironisch damit erklärt, dass es viele Frauen gab, die den RS kauften. In Wahrheit hat aber keine einzige Frau einen RS bestellt. Seit seinem Verkaufsstart 1964 war der Elfer auf den Straßen in Deutschland zu einem seltenen, wenn auch vertrauten Anblick geworden, für mehr Distinktion sorgte da der trotz des Verkaufserfolgs außerordentlich rare RS. Autofanatische Kinder und Väter schämten sich an Ampeln oder auf Parkplätzen nicht, enthemmt auf diesen Sportwagen zu starren.

Für Puristen blieb der Spoiler ein Sündenfall, der nur dadurch in seiner Verwerflichkeit relativiert wurde, dass er

ausschließlich aus Gründen der Funktionalität eingeführt wurde. Die Erfolge von Porsche im Rennsport sollten in der Serie ankommen dürfen, und dies war in den 70er Jahren nur durch Spoiler möglich. 1973 präsentierte Porsche den 260 PS starken Turbo, der einen signifikant größeren Spoiler als der RS erhielt. Aus dem Entenbürzel wurden die Turboflügel, die nicht nur aus Gründen des Abtriebs, sondern ab 1977 auch zur Kühlung der Ladeluft für den Turbo dimensioniert wurden. Um die Straßenlage zu verbessern, erhielt der Turbo eine breitere Spur, die vom rennerfahrenen RSR stammte. Die »Krönung einer bewährten Konzeption«, so die Porsche-Werbung, pointierte damit eine aggressive Erscheinung, die relativ klar die technische Überlegenheit des Turbos vermittelte. Ein auf der Überholspur heranfliegender Turbo wurde mit seinem dramatischen Heck sofort als solcher erkannt. Andere Hersteller wie BMW gingen volkspädagogischer vor. Die Münchner statteten ihren 2002 Turbo mit einem Turbo-Schriftzug auf dem Frontspoiler aus. Damit der Blick in den Rückspiegel auch umgehend zum Räumen der linken Spur führte, war der Schriftzug spiegelverkehrt angebracht – und damit ausschließlich für die Drohung des Vordermanns gedacht.
Mit dem Turbo optimierte Porsche die Verzahnung zwischen Serien- und Rennsportfahrzeugen. Die wuchtigen, zwei Meter breiten 911 Carrera RSR Turbo mit ihren 500 PS erreichten zeitgleich mit dem 911 Turbo das Bewusstsein der Autoliebhaber. Die von »Auto Motor Sport« gestoppten 5,5 Sekunden für die Beschleunigung von null auf hundert Kilometer pro Stunde waren Fabelwerte, verglichen mit der britischen und italienischen Konkurrenz. Der Transfer aus dem Rennsport stellte die Hierarchie auch im zivilen Sportwagenalltag wieder her. Gleichzeitig

potenzierte dieser Turbo die Anforderungen an den Fahrer eines Elfers. Galten die Elfer bislang auch in ihren zahmen Versionen als gewöhnungsbedürftig, was das Fahrverhalten betraf, so war die Heckschleuder mit ihrem genickschlagähnlichen Turboschub ein Sportwagen ausschließlich für erfahrene Piloten. Der Machismo der Turbowerbung meinte, was dieser Wagen auf den ersten Blick versprach: ein Abenteuer für echte Männer. Wobei Porsche weitsichtig genug war, den ersten Turbo einer Frau zu vermachen: Louise Piëch, der Mutter von Ferdinand Piëch. Auch der tausendste Turbo ging an eine Frau: an Prinzessin Antoinette zu Fürstenberg. Herbert von Karajan erwarb einen der ersten Serien-Turbos als Lightweight-Version. Er, der jedes Orchester und jedes Meisterwerk klassischer Musik unter seine Fuchtel bringen konnte, zweifelte keinen Augenblick, dass dieser Sportwagen von ihm zu beherrschen sei. Nicht jeder durfte sich dessen sicher sein. Jede Unkonzentriertheit, besonders bei Nässe, wurde vom Turbo bestraft. Die US-Werbung »Exclusive Explosive Expensive« warnte die Kunden vor dem Fahrzeug. Wer den Turbo unterschätzte oder das eigene Fahrkönnen überschätzte, lief Gefahr, die Kontrolle über das kostspielige Fahrzeug zu verlieren.

Auch die Porschianer, die über den Turboflügel lästerten, ahnten, was der nervöse Turbo bei hohen Geschwindigkeiten ohne den Flügel an Straßenlage und Grip bestenfalls würde bieten können. Deshalb wurde der Spoiler akzeptiert. Für Spott sorgte in der Regel der Porsche-Aufschneider, der seinem einfachen Elfer mit 165 PS den wuchtigen Turboflügel aufklebte. Es war der Verstoß gegen das Dogma des Elfers, nie mehr scheinen zu wollen, als man ist. Porsche ließ den Kunden die Freiheit und realisierte, dass nicht jeder, der ein rasant wie imposant aussehendes Coupé erstrebte, auch unbedingt die entsprechende Leistung miterwerben wollte. Die aufgemotzten Elfer galten nicht nur bei Heinrich-Böll-Lesern als Angeberautos, auch Elfer-Freunde konnten mit dieser Art von Aufschneiderei wenig anfangen. Doch der Markt wollte dies und noch viel Scheußlicheres mehr. Die wenigsten Kunden griffen zum WTL, zum Werksturbolook, sondern kauften bei barbarisch vorgehenden Tunern wie Blechkosmetikern flachnasige Umbaukits und monströse Spoilerberge. Dass Porsche selbst den Turbo auch als Flatnose anbot, schockiert den Autor dieses Buches bis heute. Es ist die einzige nicht hinnehmbare Verstümmelung des Elfertums, die auch Porsche-Libertäre als inakzeptabler Regelbruch empört.

Das Verhältnis zum Spoiler blieb bei Porsche glücklicherweise distanziert. Mit dem Ende der G-Baureihe begann die Ära des heimlichen Heckspoilers. Der 1988 vorgestellte 964er hatte von den Ingenieuren einen Heckspoiler erhalten, der automatisch bei 80 Kilometern pro Stunde ausfuhr und bei Geschwindigkeiten unter 30 Kilometern pro Stunde wieder einfuhr. Leider sprach sich dies bei Polizisten herum, die in den 90er Jahren in der Stadt bevorzugt neue Carreras mit ausgefahrenem Spoiler kontrollierten. Da der Spoiler auch manuell ausgefahren werden konnte, fehlte dem ausgefahrenen Spoiler jedoch jedweder Beweischarakter. In der Porsche-Gemeinde löste der ausfahrbare Spoiler vor allem Erleichterung aus. Er verdeutlichte, dass die Leistungsfähigkeit des Elfers zulegen konnte, ohne dass der Elfer mit entsprechender Kriegsoptik durch verkehrsberuhigte Zonen schleichen musste. Seither erhielten alle neuen Baureihen diese Konstruktion, wobei das Tempo, bei dem der Spoiler ausgefahren wird, mit der Modell-

baureihe 996 auf 120 Kilometer pro Stunde angehoben wurde.
Beim Porsche Panamera schließlich wurde auch beim 500 PS starken Turbo vermieden, einer exklusiven Limousine mit einem »Geweih« am Heck die bürgerliche Existenz zu vermasseln. Der Designer des Panamera Michael Mauer bekannte in Interviews wie auf Podiumsveranstaltungen, dass er keine Freude am Spoiler habe, dass er aber ab Tempo 250 keine Wahl habe: Da werde ein Spoiler benötigt. Aus Sicht eines Designpragmatikers wie Professor Lutz Fügener sollte der Spoiler nicht allzu sehr dramatisiert werden, seine Existenz verdanke er seiner Notwendigkeit, und die Funktionalität stehe über geschmäcklerischen Einwänden. Der Elfer habe eben aufgrund seines Heckmotors genetische Probleme, was die Straßenlage betrifft, und die müssten eben mit einem Spoiler ausgeglichen werden. Nachdem die Tuning-Subkultur über Jahrzehnte ihre exzentrischen Blechwelten vor allem mit hysterischen Spoilerkonstruktionen garnierte, hat sich in den Nullerjahren ein kühler Essentialismus durchgesetzt. Es gilt die »3F-Regel«: Felgen, Fahrwerk, fertig. Einzige elegante, weil heroische Ausnahmen sind die Meisterwerke von »Rauh Welt Begriff« aus Tokio.

Das Auto der Helden

Ein Mann der leisen Töne war Herbert von Karajan nie. Indem er sich auf den Covern seiner Platten denkbar viril präsentierte, machte er die klassische Musik endgültig zu einem Teil des Showbusiness. Dazu gehörte natürlich auch die entsprechende Motorisierung. Nicht ohne Stolz ließ sich Karajan für eine Platte mit »Berühmten Ouvertüren« von Beethoven bis Wagner am Steuer eines silbernen Porsche fotografieren, den es so nur einmal gab. Es war ein 911 Turbo, den Karajan als Einziger mit der leichten Karosse eines Carrera RSR erhielt, und zwar in der Kriegsbemalung mit den Martini-Streifen und großen Turbo-Schriftzügen. Selbst für den kleinen Kreis der Porsche-Aficionados unter seinen Fans war das ein Ausrufezeichen hinter einer Hommage an den Elfer. Das Bild wirkt, als wären Dirigent und Fahrzeug aus demselben edlen Holz geschnitzt. Das Silber des aufreizend bunt beklebten Porsche harmoniert mit dem silbergrauen Haarschopf des genialischen Dirigenten, unter dessen marmorn anmutenden Gesichtszügen »Turbo« zu erahnen ist. Das Foto hat einen zur Zeit passenden hyperrealistischen Blick auf Karajan und sein geliebtes Spielzeug: Es wirkt in der gewagten Komposition der Farben und der für einen Dirigent irgendwie verrückten Situation künstlich. Aber es ist auch authentisch Karajan, der aus seiner Liebe zu schnellen Autos, Motorrädern, aber auch Jachten und Flugzeugen kaum einen Hehl machte. Seine Plattenfirma nutzte jedes dieser Hobbys für Inszenierungen, die den geschmeidigen Glanz eines Managerkalenders ausstrahlen. Die Bilder prägt eine technisch kühle Erhebung des Maestros in eine Art Sonderklasse für Weltenlenker. Herbert von Karajan scheint ewig unterwegs, fliehend vor Orchester und Konzerten, stets im Rausch der Geschwindigkeit und jener in ihr verborgenen Klänge.

Das Posieren mit dem Elfer fällt in die Zeit, als sich Karajan neu erfand. In den Einspielungen fand die Technisierung der karajanschen Ästhetik statt, das Klangbild wurde neu verchromt. Zuvor waren die Berliner Philharmoniker ein von Furtwängler geprägtes Düsterkeitsensemble gewesen, mit Karajan wurde hochtouriger musiziert. Die Glanzästhetik war eine Metallästhetik und insofern passte sie gut zu einem Dirigenten, der diesen Berufsstand als erster Popstar zu Weltruhm führen wollte. Vor diesem Hintergrund erscheint dem Karajan-Experten Kai Luehrs-Kaiser der Besitz eines eigenen Flugzeugs noch wichtiger und auszeichnender als der eines Porsche, weil ein eigener Jet noch mehr Exklusivität schafft. Gleichzeitig erhöhte dieser Mobilitätsluxus den Druck, die damals noch bescheidenen Gagen atemberaubend schnell zu erhöhen.

Zur selben Zeit entstand auch Karajans neue Frisur, mit dem metallisch silberfarbenen Haar, das gleichsam aerodynamisch geschnitten war, als hätte der Friseur im Fahrtwind arbeiten müssen. Obwohl der Porsche nie wirklich ein Playboy-Auto war, sollte der überpotente Sportwagen das Playboy-Image des Dirigenten unterstreichen. Zusammen mit den Villen in St. Tropez und St. Moritz warb Karajan um ein neues Publikum in jener Mittelschicht, die gerne voller Ehrfurcht nach oben blickte, zu den Schönen und Reichen. Mit dem filmstarähnlichen Glamour wollte Karajan auch Identifikation abseits des Musikalischen schaffen.

Für die Hände, die das beste Orchester der Welt dirigierten, mussten auch bei der genussvollen Eroberung nicht musikalischer Welten die aufregendsten Instrumente gefunden werden. Wobei der Porsche für Karajan auch ein Musikinstrument war. Für das ihm zugeschriebene Bonmot, das der Klang eines Porsche 911 nur mit einem guten Mozart verglichen werden kann, finden sich keine Belege. Experten wie Luehrs-Kaiser bezweifeln, dass ein derart ignorantes und vorlautes Bonmot von Karajan stammen könne. Dafür sei er nicht blöd genug gewesen. Überliefert jedoch ist der Spruch, dass er einen guten Fahrer an der Zahl der toten Insekten auf der Windschutzscheibe erkenne.

Schon Ende der 50er Jahre war Karajan zum Porschefahren konvertiert, als er 1959 einen 550 A Spyder kaufte. Der Ex-Rennwagen von Richard von Frankenberg erhielt jedoch aus Sicherheitsgründen den zahmen Motor eines 356 A Carrera. 1955 hatte er einen 356 Speedster gekauft, 1961 kam noch ein 718 Coupé in die karajansche Sammlung. Sein erster Elfer war – logischerweise, möchte man behaupten – ein S-Modell, bis er 1975 den ersten Turbo und schließlich 1975 jenen Turbo mit dem 3-Liter-Motor, damals fabelhaften 260 PS und dem rotblauen Martini-Design erwarb, der an die Erfolge des Martini-Racing-Teams erinnern sollte. Danach erhielt Karajan auch noch zwei der überaus seltenen 959er. Der indisch rote mit der Lieferscheinnummer 0959 sollte sein letztes Auto vor seinem Tod im Juli 1989 werden. Oft war Karajan in Weissach zu Gast, um Rennwagen zu testen und sich über die neuen technischen Entwicklungen informieren zu lassen. Karajan war auch beim Porsche-Fahren notorischer Perfektionist, erkundigte sich beim Salzburger Porsche-Zentrum, wie der richtige Luftdruck bei seinen Elfer-Reifen sei.

Anne-Sophie Mutter übernahm von ihrem Mentor so einiges, auch die Liebe zum Porsche 911. Berühmt wurde die Geschichte, dass sie sich einen Elfer zulegte, bevor sie 18 wurde, einfach in Vorfreude auf einen Genuss, den sie unbedingt haben wollte. Mit den Kindern änderten sich die automobilen Vorlieben. Um ein gutes Vorbild für ihren Nachwuchs zu sein, kaufte sie statt des Sportwagens einen Chrysler Voyager, gestand aber in einem Interview, sich vielleicht wieder einen Porsche zu kaufen, wenn die Kinder aus dem Haus seien. Ihre Arbeit mit dem London Philharmonic Orchestra veranschaulichte sie über eine Metapher mit dem Gasfuß. Manche Orchester klängen samtig, aber das London Philharmonic Orchestra – so Anne-Sophie Mutter – »ist eher wie ein Porsche – dynamisch und jugendlich, ihm gelingt einfach alles. Sein Mozart ist schnell, nicht was die Tempi angeht, sondern der Reaktionszeit nach. Es ist Kammermusik, ohne es sich je bequem zu machen.« Eine vielsagende Interpretation nicht nur der Londoner Philharmoniker, sondern auch des Elfer-Fahrens.

Die Nahtoderfahrung des Porsche 911

Über die Länge des Striches mit dem Edding-Stift kursieren verschiedene Versionen. Als der frisch gekürte Vorstandsvorsitzende von Porsche, Peter W. Schutz, Anfang 1981 im Büro seines Entwicklungschefs, Helmuth Bott, saß und über die Zukunft des schwer angeschlagenen Unternehmens nachdachte, fiel sein Blick auf einen Chart an der Wand. Die Übersicht zeigte die Entwicklungsperspektiven für die einzelnen Produktlinien vom 944er über den 928er bis zum Elfer. Zwei davon ragten weit in die Zukunft, die Linie des Porsche 911 reichte nur bis zum Jahr 1981. Da nahm Schutz einen Edding vom Schreibtisch seines Vorstandskollegen und verlängerte die Linie bis ans Ende des Charts. So zumindest hat er, Schutz, es im Rückblick beschrieben. Es halten sich Gerüchte, dass Schutz über den Chart hinweg die Linie bis ans Ende der Wand zog, andere behaupten sogar, er verlängerte die Linie ums Eck herum bis ans Ende der zweiten Wand. Damit hatte Schutz eine für die Geschichte des Sportwagens wie des Automobilbaus bedeutende Entscheidung getroffen. Das Gerede vom Untergang des Porsche 911 sollte ein Ende haben und stattdessen mit diesem Modell die Zukunft des Unternehmens gerettet werden. Die lange Laufzeit des G-Modells, insgesamt 16 Jahre, war ein Indiz dafür, dass Ende der 70er Jahre eigentlich auf das Ende des Elfers spekuliert worden war, wären da nicht die Kunden gewesen, die nicht aufhörten, die Heckschleudern zu bestellen.

Mit dem in Berlin geborenen amerikanischen Juden Schutz hatte Porsche im Januar 1981 einen neuen Chef erhalten. Er wollte im 911er mehr sehen als die altgedienten Fahrensmänner Bott und Fuhrmann, der als Motorenentwickler so berühmt war, dass Triebwerke nach ihm benannt wurden. Dennoch zweifelten Bott wie Fuhrmann früh an der Zukunftsfähigkeit des Elfers. Sie blickten als Ingenieure auf einen luftgekühlten Heckantriebler, der ganz nüchtern betrachtet schon bei seiner Einführung weder den letzten Stand des technisch Machbaren verkörperte noch den Charme des Unersetzlichen besaß. Die beiden genialischen Tüftler konnten in den offensichtlichen Mängeln des Elfers nichts Gutes sehen – und damit blieb ihnen das Wesen des Porsche 911 am Ende etwas fremd. Denn gerade jene so offensichtlichen Mängel, über die sich Porsche-Spötter wie Jeremy Clarkson gerne lustig machten, verschafften diesem Sportwagen einen Charakter, der das Fahrzeug unverwechselbar und wohl auch liebenswert machte.

Weltpolitisch grundiert wurden die Zuffenhausener Selbstzweifel von Zäsuren in der Modernitätsgeschichte der Industrialisierung. Die Ölkrise riss die westliche Welt rüde und ziemlich unvorbereitet aus ihrer gemütlichen Zuversicht und unterminierte den bislang ungebrochenen Mobilitäts- und Fortschrittsglauben dieser Zeit. In Deutschland erwischte es die Autoindustrie auf dem falschen Fuß. Porsche hatte sich gerade von einem familiengeführten Unternehmen in eine Aktiengesellschaft mit Managementführung verwandelt, als die erste Ölkrise im Herbst 1973 den Ölpreis um 70 Prozent steigen ließ. Der Traum von »schneller, breiter, tiefer« war teurer geworden. Ernst Fuhrmann war als Vorstandsvorsitzender von Porsche sicher, dass Autos, Sportwagen eingeschlossen, künftig sparsamer, komfortabler und auch ein wenig futuristischer daherkommen sollten.

Deshalb schrieb er dem Nachfolger des VW-Porsche 914 besondere Bedeutung zu. Dieser handzahme Sportwagen war von Porsche 1975 fertig entwickelt worden, nachdem der damalige VW-Chef wegen der Ölkrise entschieden hatte, auf dieses Modell zu verzichten, und somit die Kooperation mit den Stuttgartern aufkündigte. Porsche war – auch aus Verzweiflung – mutiger und brachte den vierzylindrigen 924er 1976 auf den Markt. Die gerade mal 125 PS sorgten für bestenfalls ansehnliche, aber keinesfalls beeindruckende Fahrleistungen. Da der schwachbrüstige 924er deutlich billiger als der Elfer war, erschloss er neue Käuferschichten für Porsche, dem Image der Marke jedoch hat dieses vernünftige, schnell aussehende Einstiegsmodell nicht nur genutzt.

Einen ganz anderen Anspruch formulierte der Porsche 928, der rückblickend wie der übergroße Bruder des Porsche 924 daherkam. Zwischen dem 924er und dem 928er wirkte der ganz anders geformte, mit einem anderen Antriebskonzept versehene Porsche 911 wie ein ungeliebtes Stiefkind. Als der Porsche 928 ein Jahr nach dem 924er auf den Markt kam,

war er größer, bequemer und auch üppiger motorisiert als der Porsche 911, wenn man vom Turbo absah. Mit seiner Formensprache erinnerte das 1,83 Meter breite und fast viereinhalb Meter lange Coupé an italienische Gran Turismos. Designt hatte ihn Anatole Lapine, der mit seiner behutsamen Überarbeitung des Ur-Elfers zum G-Modell bewiesen hatte, wie tief sein Verständnis der Tradition reichte. Lapine verstand seinen Entwurf als provokant und spannend und glaubte so, diesem Auto eine längere Jugend zu bescheren. »Porsche-Formen müssen mindestens 15 Jahre halten«, erklärte er auf dem Genfer Salon 1977 bei der Vorstellung. Es war eine ziemlich präzise Voraussage. Nach genau 18 Jahren wurde die Produktion des 928ers im Jahr 1995 eingestellt. Lapine, der mit seiner Familie 1951 als »Staatenloser« in die USA ausgewandert war, war der globalen Formensprache des Automobildesigns verbunden, aber nirgendwo verwurzelt. Für Opel entwarf er den GT und wer dieses damals stilbildende Auto, inspiziert, sieht darin nicht nur die kleine Stingray Corvette, sondern eben auch eine weniger phallische als futuristische Rakete, die in die Zukunft abheben wollte. Der Porsche 928 war zusammen mit dem Citroën SM das ideale Auto, um den luxuriösen Optimismus abseits von Ölkrise und Club-of-Rome-Berichten zu monumentalisieren.
Das Auto war wegweisend, aber eben nicht klassisch. Dank des Transaxle-Konzeptes, das den Motor vorne und das Getriebe im Heck anordnete, erzeugte der Porsche 928 ein geradezu undramatisches Fahrgefühl verglichen mit dem leidenschaftlich übersteuernden, stets tänzelnd nervösen Elfer. Der 928er ruhte auf der Autobahn, auch bei hohen Geschwindigkeiten. In der Regel schnurrte und brummte der großhubige Achtzylinder zufrieden vor sich hin, außer wenn

man ihn hochtourig um die Ecken jagte, was aber kaum einer der neuen Kunden mit diesem Auto wirklich tun wollte. Dann wurde der Achtzylinder auch einmal laut und keifend. Ein Sound, der nicht zu diesem Fahrzeug passte. Es war ein Sportwagen zum Cruisen. Seine Kraft servierte er entspannt und kultiviert. Wer den 928er per Hand schaltete, spürte, dass beim Transaxle-Konzept die Schaltwege spürbar länger waren als beim knackigen Elfer-Getriebe. Doch am besten fuhr man den 928er mit einem Automatikgetriebe. Das machte ihn zwar noch unsportlicher, aber eben auch bequemer.

»Wir haben«, erklärte Fuhrmann in einem »Spiegel«-Interview ganz stolz, »das Harte am Sportwagen weggenommen, weil man das nicht braucht, weil wir inzwischen sehr viel sicherer und auch sehr viel schneller fahren können, ohne hart zu sein.« Diese Einschätzung erwies sich als tragischer Irrtum. Fuhrmann war leider nicht der Typus Manager und Autoingenieur, der abends heimlich Marshall McLuhan las, denn der hatte schon in den 60er Jahren richtigerweise erkannt, dass der Sportwagen nur dann die Zukunft des Autos sein konnte, wenn er als reines Lust- und Spaßgerät von möglichst viel Nützlichkeitsdenken befreit war. Der tief ausgreifende Funktionalismus, den Porsche seit Gründung als ideologischen Kern seines Selbst verstand, wurde mit Fuhrmann als Vorstandsvorsitzendem und einem Chefentwickler wie Helmuth Bott zu technizistisch ausgelegt. Der Fortschrittsbegriff von Fuhrmann ignorierte das Irrationale des Libidinösen. Zum Sportwagen gehören Härte und auch ein Hauch Aufregung, der mit Risiko und Herausforderung verbunden ist. In einer perfekter werdenden Welt, oder auch nur in einer Welt, die sich perfekter anfühlte, war das herausfordernd Imperfekte eine zu genießende Sensation. Zudem wollten sich Sportwagenfahrer – von den ersten Futuristen bis heute – stets beweisen. Dies zu ignorieren untergrub den Markenlustkern von Porsche. Fuhrmann hatte zudem die paradoxe Ironie der eigenen Werbung übergangen. Dort hieß es paraphrasiert nach Ferry Porsche: »Keiner braucht ihn. Jeder möchte ihn.« Fuhrmann war in der Dosierung der Unvernunft zu protestantisch gewesen und zu ungläubig, was die Möglichkeiten der Weiterentwicklung des Elfers betraf. Fast zeitgleich mit der Ölkrise überhäuften die US-Behörden die Autohersteller mit zunehmend strengen Auflagen, was die Bestimmungen für Lärm, Abgase und Sicherheit betraf. Auch das traute der Porsche-Vorstand dem Elfer nicht zu. »Der Elfer ist mit 13 Jahren für ein Auto schon alt«, erklärte Fuhrmann 1977 wenig gerührt. »Wir werden ihn weiter anbieten, ob zwei oder vier oder fünf Jahre, spielt keine Rolle.« Da klang ein Hauch Defätismus durch. Dabei hätte sich Fuhrmann zu diesem Zeitpunkt vor allem um den 928er Sorgen machen müssen. Dass die aufwendige Elektronik des GT anfällig und servicebedürftig war, sprach sich in der Porsche-Gemeinde schnell herum. Wenig später wurde klar, dass die anstehenden Nachbesserungen am Auto dessen Produktion nahezu unrentabel machten. Als beim 928er auch noch die Rennerfolge ausblieben, verdüsterte sich das Gemüt auch der treuen Kunden. Heute sprechen die vom »Fuhrmann 928« und distanzieren sich vom 924er, in dem sie im Zweifelsfall eher einen VW oder einen Audi sehen wollen, schon allein weil der Wagen in Neckarsulm gebaut wurde.

Für die Kinder der in Reihenhäuser wohnenden Mittelschicht war das Autoquartett ein Medium, mit dem sich die soziale Realität der Gegenwart ordnen ließ. Anders als vom Club of Rome vorgesehen, gewann bei den Kartenspielen jenes Fahrzeug, das am schnellsten, am stärksten war, die meisten Zylinder oder den beeindruckendsten Hubraum hatte oder das am schnellsten von null auf hundert beschleunigen konnte. Für diese Kinder war es in der Regel wie ein Ass, wenn man einen Porsche beim Austeilen der Karten erhielt. Der VW-Porsche wurde als aus der Art geschlagener Porsche missachtet und jene mythischen Supersportwagen wie der Ferrari Daytona oder De Tomaso Pantera waren nicht Teil der gemeinsamen Lebenswelt der Kartenspieler, sondern muteten mit ihrer Raumschiffoptik extraterrestrisch an.

Als Sozialisationsinstanz war das Autoquartett von großem Wert. Viele Kinder, die in den späten 60er und frühen 70er Jahren mit dem Autoquartett aufgewachsen sind, gehören als Erwachsene zum harten Kern der Sportwagenfreunde, für die sich Fortschritt in einfachen Kennziffern messen lässt. Diese Kinder hatten einen einfachen Glauben an die Zukunft. An den Wagen ihrer Väter (und Mütter), die ohne Aufregung in der Regel schneller und größer wurden, wurde das Wunder des sozialen Aufstiegs ebenso anschaulich wie der Perfektionsgeist der Ingenieure. Niemand musste diesen Kindern irgendetwas über die Idee des Fortschritts erklären, er war Essenz und Zentrum ihres Quartettspiels. Die Zukunft war damals etwas Gutes, Heiteres, Aufregendes, in dem die Dinge schneller, schöner und besser sind als zuvor.

Dabei meinte es der Zeitgeist gar nicht gut mit dieser Zuversichtsidee. Die idealistischen Kindsköpfe des Club of Rome mahnten in ihrer Funktion als Erwachsene die Grenzen eines Wachstums an, dessen enger Korridor all jene Fantasien von morgen sowie den Glauben an die Lösungskraft technischer Ideen einzukerkern versuchte. Der Bericht des Club of Rome in Kombination mit der ersten Ölkrise traumatisierte die westliche Welt. Anstatt in die Zukunft fliegen zu wollen, auf dem Mond zu leben oder auch nur in UFO-ähnlichen Sportwagen in den Urlaub fahren zu wollen, richtete sich der hoffnungsvolle Blick zurück. In einer banalen Variante des heideggerschen Gedankens der Kehre wurde dies als Abkehr vom Zukünftigen interpretiert. Die Modernisierungsleistung der 68er war erschöpft, mit den Grünen begann die Verklärung des Landlebens und des Ursprünglichen, Technikfeindlichen. Gegen die Kultur wurde die Natur gestellt, gegen die Technik der Mensch. Für die Kinder, deren Weltsicht das Autoquartett mehr geprägt hatte als die emanzipatorischen Projekte ihrer Eltern, war es Zeit für eine Entscheidung: den Träumen der Kindheit treu zu bleiben oder mit der Zeit zu gehen und sich langsam von jenen qualmenden, lärmenden und rauchenden Träumen zu verabschieden. Beuys präsentierte auf der Documenta 6 die Honigpumpe als metaphorische Antithese zum Verbrennungsmotor und der Verwertungsmechanik der Industrialisierung. Neben Installationen, Zeichnungen und Performances wurden auch Designobjekte vorgestellt, mit dem Schwerpunkt Auto. Und es kam, wie es kommen musste: Das Auto wurde mit den Objekten ad absurdum geführt. Bei Hans Holleins Wagen thronte auf dem Chassis aus rostfreiem Eisen ein Seziertisch. Angetrieben wurde das schaurige Gefährt durch einen Scheibenwischermotor. Das Auto war für die Meute der zeitgenössischen Kunst, jenseits der Verklärer wie Andy Warhol, ein groteskes Objekt, eine Todesmaschine.

Die Ingenieure in Zuffenhausen hatten gelernt, dass der Zeitgeist unausweichlich war, aber noch mehr hatten sie verstanden, dass es genug Menschen auf der Welt gab, die sich durch den Zeitgeistopportunismus nicht von ihrem Glauben an den technischen Fortschritt abbringen lassen wollten. Der Erfolg des Carrera RS zu Zeiten der Ölkrise wie auch die starken Absatzzahlen des Porsche Turbo verdeutlichten, dass die Anpassung an die Gegenwart nicht opportunistisch, sondern selbstbewusst erfolgen musste. Die strengen Abgasregelungen in Kalifornien zwangen die Porsche-Ingenieure zu stets feinsinnigeren Entwicklungen, um schnelle, aber eben auch saubere Sportwagen zu produzieren. Die Franzosen, die im Automobilbau ihren Zukunftsglauben verloren, entdeckten ihn im Zugbau. Der TGV, der »Train à Grande Vitesse«, sollte schon bald jene Tempiträume erfüllen, mit denen Citroën in Zusammenarbeit mit Maserati beim SM und Renault mit ihren Alpines gescheitert waren.

Als wüsste Hollywood von den Selbstzweifeln in Stuttgart, wurde der Elfer anders als in »Le Départ« oder in »Le Mans« nicht mehr ein Begleiter für unverbesserliche Individualisten, sondern ein Mordwerkzeug für Agenten des Ostblocks. In der amerikanischen Action-Komödie namens »Condorman« aus dem Jahr 1981, die als Parodie auf James-Bond-Filme daherkommt, jagt eine Meute Porsche-Elfer den naiv-liebenswerten Helden. Die zentrale Szene des Films zeigt einen jugoslawischen Küstenort, in dem die Menschen mitten aus ihrem Alltag gerissen werden. Sie schweigen und starren, bis ein Säugling schreit und die Kirchenglocken ertönen. Sie hören von weiter Ferne den Sound von fünf Porsche 911 Turbos, angeführt von einem blutrünstigen Agenten, der ein künstliches silbernes Auge hat. Es ist das KGB-Verfolgungsgeschwader. In Hollywood entsteht so die Fortführung des Hitler-Stalin-Paktes. Die Porsches, deren Scheiben schwarz foliert sind, agieren wie ein Rudel Wölfe. Der Anführer Morovich fährt einen Flatnose-Umbau des Turbos, während der Held des Films, ein Comiczeichner namens Woody, den angelsächsischen Freiheits- und Individualisierungswillen mit einem Pontiac-Remix den fünf Elfern entkommt. Er sieht auch im Inneren aus wie ein Vorfahre von K.I.T.T., dem Gefährt des Knight Rider, der etwa zur selben Zeit die Verflachung des Muscle Car illustriert. Die Aufnahmen der Porsches lassen diese maximal bedrohlich und aggressiv erscheinen, auch wenn die Fahrer der List des blonden Amerikaners kaum gewachsen sind. Am Ende der knapp zehnminütigen Verfolgungsjagd springt das amerikanische Heldenmobil über einen Steg ins Meer und entpuppt sich als Speed-Boot. Der Fahrer des Porsche sitzt fluchend in seinem schwarzen Ungetüm.

In der Fuhrmann-Ära drohte Porsche seine Seele zu verlieren. Deswegen schritt die Familie in Gestalt des Aufsichtsrats ein. Fuhrmann musste als Vorstandsvorsitzender gehen und wenig später übernahm Schutz die Verantwortung für das Unternehmen. Anders als Fuhrmann verstand er wenig von Autos und noch weniger von Porsche, doch er hatte das richtige Gefühl, was den Elfer betraf. Genau zehn Jahre nach Fuhrmann gab auch Schutz dem »Spiegel« ein Interview, weil der Absatz bei Porsche drastisch eingebrochen war aufgrund des hohen Dollarkurses. Zudem war der Porsche auf der Überholspur der Autobahn längst nicht mehr Herr des Geschehens. Ende der 80er Jahre drangen mit schnellen Reiselimousinen wie dem Mercedes 190 E 2.3-16, dem M5 und schon einem Mercedes 300 E Konkurrenten auf den Markt, die dem Elfer auf der Autobahn richtig zusetzen konnten. Schutz war es mit der Einführung des

Cabrios 1982 zwar gelungen, den Absatz insbesondere in den USA zu steigern, aber der damals aktuelle Carrera war tendenziell untermotorisiert. Die »Auto Bild« urteilte 1987 bei einem Sportwagenvergleich nüchtern: »Der 911 ist von gestern.«
In der Not bediente sich Porsche bei dem von Helmuth Bott entwickelten Über-Porsche, der ab 1986 als 959er in einer Auflage von 292 Stück an Porsche-Fans weltweit verkauft wurde. Der bis zu 339 Kilometer pro Stunde schnelle Porsche war das schnellste Serienfahrzeug der Welt mit Straßenzulassung und war eine rollende Verkörperung dessen, was Porsche-Ingenieure an virtuoser Automobilkunst produzieren konnten. Er kostete damals 420.000 Mark. Für das kommende Porsche-Modell, den 964er, übernahmen die Entwickler den Allradantrieb, das neue Fahrwerk mit Schraubenfedern statt der überkommenen Drehstabfederung. Zudem gab es Tiptronic, Servolenkung und ABS. Der 964er war ein vollkommen neues Auto, aber er war nicht so weit vom Ur-Elfer entfernt wie der 959er. Und da sich die Limousinenhersteller darauf verständigt hatten, ihre sportlichen Überflieger bei Tempo 250 abzuriegeln, korrigierte die Spitzengeschwindigkeit von 260 Kilometern pro Stunde des 964ers die Hierarchie auf der Autobahn. Und beim Autoquartett der Kinder.

Ferry Porsches Zierlichkeitsdoktrin reichte bis zu dem letzten 3,2-Liter-Carrera. Sie verbindet diesen mit dem ersten 356er-Prototyp und damit natürlich mit dem Käfer und den unzähligen Käfervorläufern. Wenn es so sein sollte, dass der Elfer im Carrera 3.2 ganz bei und zu sich gekommen ist und damit in Hegels Worten die erste Stufe der Vollendung hinter sich gebracht hat, dann darf es nicht verwundern, dass es in einem Land mit übergriffiger Metaphysik-Leidenschaft Puristen gibt, die mit dem Carrera 3.2 den Kern ihrer Weltanschauung definieren. Sie betrachten nachfolgende Modelle als Schisma und gedenken nicht, sich darin blicken zu lassen. Der 911er als Sportwagen, der ewig wird und niemals ist, hat bei seinen Nutzern ein unvergleichlich pedantisches Verhältnis zur Tradition produziert. Der erste Elfer gilt als der Gral des Elfertums und somit als Urmeter jener Leidenschaftsgemeinschaft, die im Verlauf der ersten 50 Jahre zivilreligiöse Züge bekommen hat. Sehr heideggerianisch und deutsch erscheint die Weiterentwicklung vom Ursprung hinweg nicht nur als ein Fortschritt, sondern auch ein melancholisch zu betrauernder Verlust. Das Größer-, Schneller-, Breiterwerden des Ur-Elfers wird stets in Abgleich mit den Ursprüngen bewertet. Daher wurden die Mängel und Ungereimtheiten des Ur-Elfers auch zum Charakter und Wesen des Sportwagens umgedeutet. Und je perfekter der Wagen wurde, umso weniger schien er aus Sicht der Traditionalisten dem Mythos gerecht zu werden. Jede auch optische Veränderung galt als Schönheitsoperation an etwas eigentlich Perfektem.

Die Porsches bereiteten durch den Umgang mit ihrer Geschichte eine solch dogmatische Grundstimmung vor. Obwohl Porsche als Unternehmen in den 50er Jahren in einer Zeit maximaler Geschichtslosigkeit erfolgreich wuchs, legten sie von Anfang an auch in der Kommunikation großen Wert auf die Wurzeln ihrer Ingenieurkunst und die Verdienste ihrer Familie um die Weiterentwicklung des Automobils. Dies inkludierte auch die zu dieser Zeit in Deutschland weitgehend verdrängten und ausgeblendeten Nazi-Jahre. So konstruierten sie sich eine Geschichte entlang der Familiensaga, die ihrer jungen Firma früh die Aura des Immer-schon-da-Gewesenen verschaffen sollte. Nur in grellbunten Heimatfilmen hatte die Idylle nostalgischen Charakter, in dörflichen Berggemeinden und auf dem denkmalgeschützten Land. Ansonsten wurde der Gedanke an die Vergangenheit gemieden. Porsche hatte dafür kein Verständnis. Schon wenige Jahre nach der Firmengründung machte der Sportwagenhersteller mit der Unternehmensgeschichte Werbung. Vom Cisitalia über die ersten Volkswagen-Prototypen bis zu dem größenwahnsinnigen Rekordfahrzeug »T 80«, das Ferdinand Porsche für Daimler-Benz entworfen hat, reicht das Spektrum der Wurzeln, welche die Markenkommunikation nutzte, um den 356er als »Summe aller Konstruktionserfahrungen« ausweisen zu können. Genau zehn Jahre später, zur Vorstellung des Porsche 911, wird die Ahnenreihe ausgedehnt: Von der Lohner-Porsche-Chaise (1900) über den Mercedes-Rennwagen für die Targa Florio (1924) bis zum Porsche 904 Carrera GTS wird kaum ein wichtiger Entwurf des Porsche-Clans übergangen. In einer Zeit, in der das Design wie die Popkultur aggressiv geschichtsvergessen handelt, denkt und entwirft, brüstet sich Porsche stolz mit seiner Vergangenheit. Porsche dachte historisch, als sich das gute Design ausschließlich für die Gegenwart und noch lieber für eine exotische Zukunft interessierte. Die Firma war damit protopostmodern. War die Postmoderne eine Kultur der Erinnerung, die in der Tradition nicht das sah, was zwanghaft überwunden werden müsse (und wie das noch in der Moderne ideologisch formuliert wurde), bediente sich Porsche dieser Strategie, bevor Architekten und Literaturwissenschaftler daraus das nächste große Ding der Intellektuellen machten. Doch anders als die spielerische Postmoderne,

die Tradition – so Wikipedia – als Sammlung von Möglichkeiten verstand, derer sie sich virtuos bedienen konnte, war die Rückbesinnung auf Vorbilder und Wurzeln bei Porsche funktional grundiert. Die Herausforderung war, die Zukunftsfähigkeit des Alten, sei es die Idee des Heckantriebs oder die der Luftkühlung, in Wertschätzung der Tradition bis zum Letzten zu explorieren. Dabei ging es weniger um einen Historismus denn um eine Traditionspflege auf der Höhe der technischen Zeit. Zudem fehlte die in der Postmoderne fast zwanghaft gepflegte Ironie. Die Firma Porsche meinte es ernst, wenn sie in die Archive ging, um die eigene Zukunft besser zu verstehen.
Porsche stand mit dieser Haltung damals ziemlich alleine dar. Die anderen Automarken ließen ihre Sportwagen wie Raumschiffe aussehen. Der Futurismus war die Zeitgeistfolie der 60er und 70er Jahre. Im Design gab es unzählige revolutionäre Vorstellungen von der Zukunft der Objekte und kaum einer wollte sich mit evolutionären Weiterentwicklungen beschäftigen. Der Funktionalismus der Ulmer Schule und des Braun-Designs wurde belächelt. So gesehen riskierte Porsche mit seiner sehr modernen Formensprache und einer ungewöhnlichen Pflege seiner Tradition das Unverständnis der Zeitgenossen.

1988
1994

Der 964er

Allrad, ABS, Servolenkung

In der zweiten Hälfte der 80er begann bei Porsche eine Talfahrt, die immer schneller wurde. 1987 Dollarschock, von 3,60 Mark ging es auf 1,80 Mark. Bei 87 Prozent US-Marktanteil war dies für Porsche eine tödliche Entwicklung. Hinzu kam die Angst vor den Japanern. In Amerika war der Accura , der in Deutschland Honda NSX hieß, der neue Angstgegner, der Nissan ZX 300 Turbo trat mit einem Kampfpreis an. Der NSX hatte eine Alukarosse, Titan-Doppelquerlenker,

variable Ventilsteuerung und vieles mehr zu bieten. Der Elfer hatte zu diesem Zeitpunkt – überspitzt formuliert – noch immer mit Heizungsproblemen und beschlagenen Scheiben zu kämpfen. Da lagen Welten dazwischen. Und der c_w-Wert eines G-Modells lag bei 0,40. Das war mehr als bei einem 356er. Da war ein Audi 100 mit 0,30 deutlich besser. Der 911er musste in aller Eile überarbeitet werden. Die Designer nutzten integrierte Stoßfänger und einen glatten Unterboden, um den c_w-Wert zumindest auf 0,32 c_w absenken zu können. Das führte dazu, dass der 964er mit einer Spitzengeschwindigkeit von 260 Kilometern pro Stunde genauso schnell war wie der 50 PS stärkere Turbo des G-Modells.
Das Fahrwerk war eine komplette Neuentwicklung. Aus dem Baukasten stammte der Ex-959er-Allradantrieb, der wiederum eine Ableitung aus den Rallye-Elfern Mitte der 80er Jahre war. Der Carrera 4 mit Allradantrieb war die Ouvertüre zur 964er-Modellreihe. War die Traktion für den Rallyesport zwingend, wenn man siegen wollte, oder notwendig, wenn ein derart übermotorisiertes Ausnahmecoupé wie der 959er ordentlich Traktion bekommen sollte, so erschien einigen Porsche-Puristen der Vierradantrieb für einen normalen Carrera als etwas Übertriebenes und schlimmer noch: etwas Wesensfremdes. Schleudern und (kontrolliertes) Ausbrechen lassen waren bislang Teil des Fahrvergnügens. Das Unwohlsein der Passagiere auf dem Beifahrersitz war für den Piloten mit Händen zu greifen, wenn man in einem G-Modell um die Kurven räuberte, besonders dann, wenn es für den Beifahrer das erste Mal in einem Elfer war. Mit einem Allrad gelang diese Abenteuerbescherung lediglich bei Eis und Schnee. Die Freude über den Drift wurde ersetzt durch das ungläubige Staunen, dass Querbeschleunigungen auch auf feuchten Straßen von der

Elektronik des Antriebs gemanagt werden können. Anders als einige Elfer-Puristen vermuten, kehrte Porsche damit eher zu seinen Wurzeln zurück, als sie zu betrügen. Es war Ferdinand Porsche, der im Jahr 1900 mit seinem Elektro-Porsche das erste allradangetriebene Fahrzeug bauen ließ. Die Marke hat dann dafür Buße getan – und die Mutter aller Heckschleudern entwickelt, den Porsche 911.

Verglichen mit den Ur-Elfern und den G-Modellen war der 964er ein Sportwagen, der sich im Handling vollständig anders anfühlte und der darüber hinaus noch anders klang. Aus dem Singen und Röhren des Sechszylinder-Boxers war ein Fauchen und Knurren geworden. In Kombination mit ABS machte der Allrad diesen Elfer zu einem nahezu idiotensicheren Auto, wären da nicht die unglaublichen Leistungswerte gewesen, mit denen ein gut eingefahrener 964er verblüffen konnte. Auch ohne Tuning waren die 964er bis zu 290 Kilometer pro Stunde (auf dem Tacho) schnell und konnten damit auch dem Nachfolgermodell auf der Autobahn das Leben schwer machen. »Porsche-PS zählen doppelt«, heißt es unter Porsche-Freunden und dahinter versteckt sich die Gewissheit, dass in Zuffenhausen stets darauf geachtet wurde, dass die im Prospekt wie im Fahrzeugschein ausgewiesenen PS-Zahlen mindestens geliefert wurden, gerne auch eine Scheibe mehr. Das führte dazu, dass es nie zu Enttäuschungen kam, zumindest, was den Leistungswillen des Elfers betraf.
Die Entwicklungsingenieure und Designer hätten gerne noch mehr Innovationen in den neuen Elfer gepackt, aber die Mittel waren in der Krise beschränkt und die Zeit für die Entwicklung knapp. Ein PDK-Getriebe wurde bereits im 944er Turbo und 928er auf der Straße erprobt, aber für

den 964er konnte das nicht mehr eingesetzt werden. Auch beim Produktionsort ging eine lange Tradition zu Ende: Produziert wurde in einem neuen Karosseriewerk, während das G-Modell noch in jenen Hallen gebaut worden war, die einst von der Firma Reutter genutzt wurden.
Der Heckspoiler, der bei Tempo 80 ausfuhr, war ein verblüffendes Detail. Es schützte die Silhouette vor wüsten Spoiler-Entstellungen und bot das Schauspiel einer kraftstrotzenden Metamorphose für diejenigen, die bei Tempo 80 von einem neuen Carrera überholt wurden. Zudem verschaffte es dem Motor mehr Luft zur Kühlung. Die umfangreichen elektronischen Steuerungssysteme und die damit verbundenen Kabelbäume ließen das Gewicht des Elfers sprunghaft anwachsen – auf fast eineinhalb Tonnen. Obwohl der 964er nicht danach aussah, war er ein fetter Elfer, besonders der allradgetriebene. Das Design war eine aerodynamisch optimierte Variation des klassischen Konzeptes. Die alte Architektur der Kabine war geblieben, ebenso wie die wuchtigen Torpedorohre für das Dekolleté. Die geschwollenen Stoßfänger machten den Elfer stämmiger. Für den Designer des 991ers, Michael Mauer, ist der 964er sein Favorit, weil er dank der ausgeprägteren Radlippen satter auf der Straße steht.
Porsche-Historiker Dieter Landenberger bemängelt, dass bei diesem Porsche kaum Teile verbaut wurden, die auch in anderen Porsche-Modellen genutzt wurden. Deswegen kam die Produktion der 964er die Firma teuer zu stehen. Für den Porsche-Fahrer und -Fan Sascha Keilwerth zeigt die Verarbeitungsqualität im Karosseriebereich, dass dieses Modell aus einer Ära kommt, in der es Porsche nicht so gut ging. »Die Karosserie rostet an den Kotflügeln, Windleitblech und Stoßstangen verlieren mit den Jahren ihre Form. Die

Rücklichter büßen Weichmacher und Farbe ein, sie werden sogar brüchig.« Dennoch kann der 964er mit fast 64.000 Einheiten als Erfolg gelten. Dazu hat das Marketing ab 1990 mit dem beliebten Porsche Carrera Cup beigetragen, aber auch die unglaubliche Variantenvielfalt.

Gab es früher maximal eine Handvoll Varianten für den Elfer, begann mit dem 964er eine umfangreiche Ausdifferenzierung der Produktpalette. Die Kunden konnten wählen zwischen Carrera 4, 2, Turbo, Turbo S, Speedster, Turbolook, RS, ganz zu schweigen von den Sondermodellen wie dem RS America, dem Flachbau und dem »Jubi«, der das Jubiläumsmodell zum 30. Geburtstag war und dem Elfertum ein breitschultriges Denkmal setzte. Das Jubiläumsmodell war im Wesentlichen ein 964 Carrera 4, auf den die Karosserie des Turbos beziehungsweise dessen breite Kotflügel wie Seitenteile aufgesetzt wurden. Auf den Rückenlehnen der klappbaren Rücksitze wurde der Schriftzug 911 eingestickt. Mittig auf der Hutablage plazierte Porsche ein lederbezogenes Böckchen, auf welchem zwei Aluplaketten angebracht waren. Die von außen durch die Heckscheibe sichtbare Plakette zeigt die individuelle Seriennummer des limitierten Sondermodells. Die in den Innenraum gerichtete Plakette zeigt den Schriftzug »30 Jahre 911« in Spiegelschrift, so dass – wie auf der Homepage der »Jubi«-Fahrer und -Freunde zu lesen ist – der Fahrer beim Blick in den Innenspiegel immer darauf aufmerksam gemacht wird, dass er einen »Jubi« fährt. Die Selbstmusealisierung des Elfers hat mit dem »Jubi« seinen vorläufigen Höhepunkt erreicht. Die Plakette im Innenraum macht ihn zu einem Exponat der Technikgeschichte, das im Zweifel in seinem »white cube«, der Garage, ausgestellt wird oder auf Ausstellungstournee geht, wenn es zu »Jubi«-Treffen rollt oder bei den sonntäglichen Ausfahrten. Museen als Speicher- und Präsentationsorte von materiellen Sachzeugen besitzen eine statische Autorität, die der »Jubi« überall dort erhält, wo er sich hin- und damit ausstellt. Mit der Plakette, die auch auf dem »Jubi«-Jubiläumsposter 2013 prominent gezeigt wird, entrückt dieser Porsche den Niederungen des Fahrzeugs und des Wegwerfproduktes Auto. Die Kanonisierung der Elfer-Modellgeschichte wird mit diesem Jubiläumsfahrzeug durch Porsche vorangetrieben. Der Sportwagen als Kulturgut nähert sich auratisch einem historischen Dokument auf der einen und einer Skulptur auf der anderen Seite an.

Porsche hat mit dem »Jubi« als Ready-made-Museum und später mit dem eigenen Porsche-Museum verstanden, dass die Institution Museum für eine Kulturnation wie die Deutschen ein denkbar populäres Medium der Wissensproduktion und -vermittlung ist. Als Institutionen des Sammelns, Bewahrens und Ausstellens sind Museen symbolisch hoch besetzt und gleichsam kulturell umkämpft – sie gelten als »kultureller Schlüsselort«, weil in ihnen die abstrakte Idee von Geschichte und Repräsentation konkret und anschaulich wird. Porsche zog es vor, seine Geschichte selbst zu schreiben, um so anderen zuvorzukommen. Auch deshalb sind das Museum in Zuffenhausen und das hochprofessionelle Archiv mit seiner leidenschaftlichen Führung mindestens so produktiv bei der Schaffung von Porsche-Exegesen und der Förderung von historischen Dissertationen, wie es die Entwickler bei der Aktualisierung eines Sportwagenkonzeptes wie desjenigen des Elfers sind. Der Blick in die Zukunft der Ingenieure fußt auf der Pflege der Vergangenheit durch Museum und Archiv. »Herkunft aber bleibt stets

Zukunft«, raunte Martin Heidegger 1953. Sein Verleger Günther Neske aus Pfullingen war übrigens leidenschaftlicher Porsche-Fahrer und es halten sich hartnäckige Gerüchte, dass Heidegger gerne in Neskes Porsche mitfuhr. Da steht die Heidegger-Forschung erst am Anfang. Was wäre das für eine Pointe für die Theorie der Kehre, wenn sie in einer Heckschleuder mitgedacht worden wäre.

Wichtig für den Ruhm des 964ers war auch die neue Werbekampagne einer damals noch jungen Werbeagentur namens Jung von Matt. Als die beiden Newcomer eingeladen waren, um den Porsche-Etat mitzupitchen, gelang ihnen ein Coup aus dem Geiste des Elfers. Die etablierten Agenturen kamen in doppelter Mannschaftsstärke nach Zuffenhausen, um zu präsentieren: aufwendig, multimedial, prunkvoll. Holger Jung und Jean-Remy von Matt dagegen reisten im Porsche an, stellten sich vor die Vorstände und sagten: »Wir sind zu zweit hier, weil in einen Porsche nur zwei Leute reinpassen.« Mit diesem Satz, so stellt der Werbekollege Amir Kassaei neidvoll fest, hätten die beiden den Etat gewonnen: »Sie hatten die Essenz des Unternehmens verstanden.« Heraus kam die Kampagne »So baut man Sportwagen«. In grellen Farben und mit etwas überheblichen Sprüchen sollte die Marke emotional wiederbelebt werden, nachdem über Jahre und Jahrzehnte vor allem nachdenkliche Miniessays mit kleinen Bildern den Reiz der Porsches hatten erklären wollen. Cineastisch stand für den Zuffenhausener »rebirth of the cool« der Turbo 3.6, den Supercop Will Smith in »Bad Boys« fuhr.

Der ungewöhnlichste 964er war die wirklich furchteinflößende Studie »Panamericana«, die auf einem C4 beruhte. Als Ferry 1989 sein Geburtstagsgeschenk sah, sagte er nur: »Stellt's mir des vom Hof.« Wer heute vor dieser Mutation steht, kann die Irritation des Porsche-Gründers nur allzu gut verstehen. Die niederländische Autobahnpolizei fuhr 964er Targa, weil man mit dem luftgekühlten Elfer auch längere Strecken rückwärtsfahren konnte. Der 964 brachte auch viele neue Farben: Maritimblau, Sternrubinrot, Speedgelb etc. Das war stilbildend für die 90er. Ebenso die Cup-Felge.

»Dies ist der 911er für die nächsten 25 Jahre«, erklärte der neue Vorstandsvorsitzende Heinz Branitzki, als er den 964er vorstellte. Diese fast in jeder Hinsicht unhaltbare Prophezeiung sagte vor allem, dass die Zeiten, in denen Porsche über ein Ende der Produktion des Porsche 911 nachdachte, vorbei waren. Mit dem 964er wird der Elfer zum ewigen Porsche und alle anderen Modelle gruppieren sich um diesen Wagen herum. Er wurde offiziell, was er im Bewusstsein der Porsche-Freunde schon längst war: Sinn- und Leidenschaftszentrum der Marke.

Moodys Porsche: der Hipster-Elfer

Dieses Porsche-Modell sollte zum Liebhaber-Objekt antinostalgischer Nostalgiker werden. Anders als Ur-Elfer und G-Modell war der Wagen vollverzinkt und mit Airbag ausgestattet, kam ohne Chroma als Sportwagenparkett aus und hatte eine modern nüchterne Prätentionslosigkeit. 2007 wird ein schwarzes 964-Cabrio zum Koprotagonisten der amerikanischen Skandal-Fernsehserie »Californication« über einen sexsüchtigen Schriftsteller aus New York. Er ist der charmante Asoziale und Bohemien, der seine treueste Beziehung mit seinem Elfer unterhält. Der Wagen ist stets lädiert, meist ungewaschen und wie ein Spiegel der düsteren, verkommenen und doch ursprünglich ergreifend schönen Seele des Helden. Als er sich zu Geld gekommen einen neueren Porsche zulegt, wird dieser gestohlen und Moody landet wieder bei seinem 91er-Baujahr. In der vierten Staffel crasht Moodys Tochter Becca sein Cabrio

und der vergebende Vater kauft sich ein ähnliches Modell beim Gebrauchtwagenhändler. Noch auf dessen Hof schlägt er dem Cabrio den rechten Scheinwerfer in Stücke, damit dieses Fahrzeug an seinen alten Wagen erinnert.
Der Berliner Schriftsteller Moritz Rinke sucht seither nach einem 964er. »Es gibt«, so Rinke, »eine bestimmte Art, wie Hank Moody die Tür seines Porsche zuschlägt, wie er das Auto verdrecken lässt, wie er beim Neukauf extra einen Scheinwerfer einschlägt; er überhöht seinen Porsche nicht, er will ihn beiläufig besitzen und wirkt so, als sei er auf ganz natürliche Art mit seinem Porsche verwachsen, unaufgeregt, so als sei es ganz natürlich, dass Hank Moody dieses Auto zum Leben braucht. Er hängt auch an ihm, denn immer, wenn er im Porsche sitzt, fallen die Sorgen von ihm ab, natürlich hat er auch Sex im Porsche, aber er schläft auch allein im Porsche, weil er kein richtiges Zuhause hat. Einmal zum Beispiel, da fährt er auch mit seiner Tochter, also sie darf fahren, und das ist eigentlich eine sehr zärtliche Szene, eine der eher rührenden Szenen der Serie.«
Hank Moodys Art, einen Elfer zu fahren, versucht die Wurzeln des Elfertums, die im Erfolg und der Massenproduktion verloren gegangen sind, wieder freizulegen. Eigentlich will Moody den 964er zu einer Art Ur-Elfer verlottern lassen. Auch vor »Californication« fand der 964er ungewöhnliche Anhänger, die in diesem Elfer etwas ziemlich Eigenwilliges sahen. Heinz Gindullis zum Beispiel. Der in Nürnberg Geborene hat Berlin-Mitte wenn nicht erfunden, so doch zumindest miterfunden. Wie so viele hedonismusbegabte junge Menschen kam er nach dem Fall der Mauer in jene einst stolze Stadt. In ihren Ruinen entdeckten die Bürgerkinder aus ganz Deutschland, ganz Europa und schließlich vom Rest der Welt eine Art überdimensionierten Geschichtspark

und Abenteuerspielplatz. Heinz, den alle »Cookie« nennen, begann in kleinen, heruntergekommenen Kellern und leerstehenden Ladengeschäften seinen Barbetrieb und wurde schnell eine der umtriebigen Figuren des Berliner Nachtlebens. Irgendwann liefen die Geschäfte so gut, dass sich der 1,95 große junge Mann mit der Glatze einen Kindheitstraum erfüllen konnte: einen Porsche 911. Mit den Matchbox-Porsches hatte er schon als Kind gespielt. In seiner Familie war er der Erste mit Führerschein. Mutter, Vater, Geschwister hatten keinen. Insofern war ein Porsche auch eine existentielle Unabhängigkeitserklärung.

Dass er im Jahr 2000 einen schwarzen 911 Carrera, Baujahr 1992, in Anthrazit kaufen sollte, geschah ebenso zufällig wie das Wachsen seines Nachtlebenunternehmens. Einer seiner DJs, Künstlername Zodiac, reparierte und verkaufte im Hauptberuf Elfer. »Ich habe *das* Auto für dich«, erklärte er Cookie und stellte ihm einen Porsche 993 vor den Club, der Cookie aber tief enttäuschte. Das Auto war zu geschleckt, zu brav und zu kultiviert. Zodiac ließ sich bei der Missionierung nicht entmutigen. Wenig später klingelte er wieder an. Jetzt habe er wirklich den richtigen Porsche gefunden, sprach's und brachte jenen 964er vorbei, den Cookie seither fährt. Es war, um es ein wenig romantisch zu formulieren, Liebe auf den ersten Blick. Der Preis war okay, doch der – damals noch halbillegale Clubs und gerade die erste hippe Bar in Mitte betreibende – 26-jährige überlegte lange, ob er sich so ein Auto leisten könne. Nicht finanziell, sondern aus Imagegründen. Seine damalige Freundin riet ab. Wie könne er nur, fragte sie ihn nach der ersten Probefahrt.

Er zweifelte, war Berlins Mitte damals ein – was Autos und Verkehr betrifft – weitgehend prekäres Dorf, in dem die soziale Kontrolle über die Einhaltung subkultureller Codes und deren politischer Korrektheiten wachte. Nach zwei Wochen war aber klar: Ich will dieses Auto. Er kaufte es und hat es seither nie bereut. Nach diesem Kauf wussten Nachtlebenprofis stets, wo sich Cookie aufhielt; so selten war ein Porsche 911 in diesen Tagen in Berlins Mitte. Schon die Nachricht des Kaufs verbreitete sich in der überschaubaren Boheme in Windeseile. Die Zugewanderten aus München und Stuttgart freuten sich, die Hipster aus Ostdeutschland runzelten die Stirn. Melanie, eine gute Freundin, fragte Cookie beim Bestellen eines zweiten Milchkaffees im Café Bravo spöttisch, ob er mit dem durch ihren Konsum erzielten Gewinn eine Schraube an seinem Elfer bezahlen könnte. Die Anekdote erzählt viel von der Provinzialität, mit der die Protagonisten des Nachtlebens auf jene Lustobjekte außerhalb der Turnschuh-Plattenteller-Mountainbike-Welt blickten. Ein Porsche 911 war verdächtig, auch wenn es nie zu irgendeiner Form des Vandalismus kam.

Cookie nervte nicht nur die Mitte-Spießer, sondern auch die Porsche-Spießer. Bevor es die Serie »Californication« gab, entdeckte er den Charme maximaler Nachlässigkeit bei der Pflege des Porsche 911. Einmal hatte er das Auto sechs Monate nicht gewaschen und die Leute haben angefangen, lustige Sachen darauf zu schreiben, Grüße, ihre Initialen, geheime Nachrichten. Dann musste der Wagen in die Werkstatt und sein Freund Ralf aka Zodiac hat den Anblick nicht ertragen. Er ließ den Wagen reinigen. Der Porsche musste mehrfach durch die Waschanlage geschickt werden, wie Cookie grinsend erinnert. Doch auch anderweitig unterminiert die Erscheinung seines 964ers die Pedanterie der Porsche-Puristen. Die vordere und die hintere Stoßstange sind meistens zerkratzt, bevor sie Cookie rituell neu lackieren lässt. Der Elfer ist für ihn das ideale Großstadtauto. Es ist klein, wendig – »und du kommst schnell weg vom Fleck und beim Ampelstart bin ich immer der Erste«. Er fährt derart zügig, dass er die Bremsen öfter austauschen muss, als ihm lieb ist. Für die Autobahn ist ihm der Porsche zu laut, selbst für einen, der seine Nächte in der Regel in Lärmgewittern verbringt.

Egalitär im P1: Jeder (Depp) fährt einen 911er

Von München hieß es in den späten 80er Jahren, dass nirgendwo so viele Porsches 911 herumfahren wie in der stets feierfreudigen Stadt an der Isar. »Noch vor L. A.« war der Spruch der Porsche fahrenden Strizzis damals und es gab viele Orte, an denen der Elfer so häufig und massiert vorkam, dass ihn etwas Heiter-Gewöhnliches umgab. Der Parkplatz vor dem P1 war so ein Ort. P1, das war eine Diskothek, die am Ende des 20. Jahrhunderts München auf der Partylaune-Welttabelle ganz oben stehen ließ. Ein versauter, lasziver, lauter, unfeiner, großartiger, aufregender Laden, der nie Underground sein wollte, sondern stets der Schuppen, in dem – egal wie – am besten gefeiert werden konnte. In der Oktoberfest-Zeit kamen die Poppermädchen und -jungs in Trachten, unter der Woche jede Menge Models und gepumpte Jurastudenten, Autohändler und Friseusen, FC-Bayern-Stars und Fernsehsternchen. Die Türsteher gingen legendär hart und lustig zur Sache. Wer sich als Feierprofi und Top-Aufreißer profiliert hatte, durfte immer rein. Bei Frauen half »blond, scharf und nicht sonderlich kompliziert bekleidet«.

Es war ein Ort einfacher Wahrheiten und als solcher setzte sein Vorhof der Macht auf dem Parkplatz an. Es war der Parkplatz, der untertags zum (von den Nazis erbauten) Haus der Kunst gehörte und ab halb elf jenen Gute-Laune-Priestern, die es zur Liturgie in die marmornen Hallen rief. Bei der Einfahrt in den Parkplatz wurde die Kollekte gesammelt. Wer kleinlich nur zwei, drei oder am Wochenende fünf Mark gab, landete gleich auf einem Abstellplatz. Wer sich großzügig zeigte, zehn oder gar 20 Mark springen ließ, konnte seinen Wagen, sagen wir der Wahrheit halber, seinen Porsche 911 direkt vor der Tür parken. Ab und an gönnte sich jeder Elfer-Fahrer, egal wie peinlich das Ganze werden konnte, die Nummer mit dem VIP-Parken. Untertourig rollte man zum Arrangeur an den ersten Stellplätzen, der einem zeigte, wo man den Carrera hinstellen sollte. Einem Besucher vom Mars oder aus China hätte man den Parkplatz zeigen können und er wäre überzeugt gewesen, dass der Elfer eine Art enger, lauter Volkswagen sei, den man in diesem Land bevorzugt zu Nachtzeiten fahre.

Verließ der glücklich geravte Porsche-Fahrer irgendwann in der Nacht das P1, bekam er seinen Schlüssel und steuerte ratlos auf die Parkreihen zu, weil dort ein gutes Dutzend schwarzer oder anthrazitmetallic Elfer standen, so dass man oft genug am Falschen versuchte, die Tür zu öffnen. Ein Lacher für den Türsteher im Sommer war auch, wenn die Parkplatzjungs die Schlüssel verwechselten und der Besitzer eines 964 Carrera 4 den Schlüssel eines nagelneuen 993 Turbo bekam und sich drauf und dran machte wegzufahren, bis ein Bekannter des Turbo-Besitzers Alarm schlug. Ferraris waren selten am P1. Eine blonde Starnbergerin in einem 348 TS war aufgrund ihres lässigen Einparkens und ihrer angesichts der virtuosen Fahrkünste staunenswerten Jugend für Wochen Gesprächsthema für die aufgedrehten Jungs im P1, die so eine Frau für eine Fata Morgana hielten.

Vor dem P1 war der Elfer kein besonderes Auto, sondern an manchen Abenden fast das einzige. Er war kein Auto zum Auffallen, sondern zum Dabeisein. Er war eine Fackel des Hedonismus und des Halbseriösen, des Strizzihaften und Sportlichen. Nicht wenige der Partyexperten fuhren Freitagnacht spät nach Hause und luden Stunden später ihre Skier auf den Beifahrersitz, um in die Alpen zu brausen. Es war ein München-Mobil. Der Volkswagen einer wohlhabenden und genussverliebten Stadt, die sich ziemlich selten für ihre gute Laune schämte oder gar entschuldigte.

Niemand drehte sich auf der Maximilianstraße oder in Schwabing nach einem Elfer um. Niemand außer Touristen. An der Ampel standen oft genug drei Elfer nebeneinander und es wurde im Zweifelsfall gegrinst oder auch herzhaft gegähnt. Im München der späten 80er und frühen 90er Jahre betrat der Elfer die Sphäre des Gewöhnlichen. Es war kein schmerzhafter Prozess, es war ein zwangsläufiger. Es war die Zeit, als Helmut Lang seinen ersten Laden in Deutschland (logischerweise in München) aufmachte und Art-Direktoren und Galeristen aus Hamburg und Berlin nach München flogen, um sich anständig einzukleiden. Es war Münchens Sommer- und Wintermärchen. Der letzte Höhepunkt, bevor alles anfing auszusehen wie das Wohnzimmer von Karl-Heinz Rummenigge und Julia Siegel.

Im P1 war keine ernstzunehmende Frau beeindruckt von einem Aufschneider, der seinen Elfer mit Schmerzen geleast hatte. Die nach eigenem wie fremdem Bekunden am besten aussehenden Jungs kamen mit dem Skateboard, zu Fuß oder wenig originell mit dem Taxi. Frauen im Elfer waren in der Regel älter als die jungen Frauen, die zu Fuß, mit dem Taxi oder im Golf IV ihrer Freundin kamen.

Dort, wo Deutschland weit weniger reich, elegant, berühmt oder auch nur selbstbewusst war, erfindet der in Essen-Kray geborene Thomas Schröder eine Kunstfigur namens Atze Schröder, der den P1-Machismo auf den kleinbürgerlichen Ruhrpott-Nenner herunterbricht. Charakter wie Künstler deformieren die Exklusivitätsansprüche, die Porsche einst zum Statussymbol der Adligen, Etablierten und Übererfolgreichen hat werden lassen. Die Lebensmaxime »Gas geben, weil wir hier alle nicht lebend rauskommen«, setzt den Kontrapunkt jenes tief gründelnden Existentialismus, in dem Sportwagenfahrer seit Marinetti und James Dean ihr gefährliches Tun bewundern. Porsche fahren ist ein Witz geworden. Kunstfiguren wie Atze Schröder betonen das und versorgen den Porsche-Mythos mit einer neuen Facette: dem egalitären Luxusgut. Mit den Porsche-Tagen in Dinslaken hat diese wenig akademisch, selten oberschichtige Porsche-Subkultur Anfang des 21. Jahrhunderts ihr eigenes Forum erhalten, das passenderweise am Tag der Arbeit, am 1. Mai, auf einer Trabrennbahn stattfindet. Atze Schröders aus der ganzen Welt kommen in die 70.000-Einwohner-Stadt im Nordwesten des Ruhrgebiets. Es ist laut, fröhlich und ohne jene Standesdünkel. Organisieren tut dies jemand, der Ingo Rübener heißt und der auf dem Heckspoiler seines quietschgelben 964 RS stehen hat: »Immer in Eile Ingo der Geile«. In seinen Worten trifft sich bei ihm die Low-Budget-Szene, mit stolzen Besitzern, die sich ihren Elfer logischerweise »vom Mund abgespart« haben. Da wird die Exklusivität wieder einkassiert und gegen pures Fansein eingetauscht. Porsche distanziert sich von derlei Umtrieben nicht. Das Unternehmen nutzt deren kernigen Charme, um das Vorurteil der Oberschichtsmonokultur zu relativieren. Porsche fahren, aber auch Elfer fahren hat sich abgekoppelt von den Kundenanalysen, die den klassischen Carrera-Käufer als Bestverdiener mit weitgreifenden finanziellen Möglichkeiten sehen. Die Faszination wird durch günstige gebrauchte Porsches ebenso bedient wie durch anarchische Aneignungen des Elfers zum Genuss. Eine Mischung aus Atze Schröder und dem jungen Marc aus »Le Départ« ist Hans in dem deutschen Roadmovie »Ein Freund von mir«. Der Gelegenheitsjobber, gespielt von Jürgen Vogel, weiht Karl, einen hochdekorierten, jungen Versicherungsmathematiker, in die feinen Lebenskünste ein, deren Gipfel das Nackt-Porsche-911-Fahren ist. In dem Film sind es zwei meteorgraumetallic lackierte Carrera 997, in denen der erfolglose Lebenskünstler den erfolgreichen Melancholiker mit seinem Elan vital infiziert. Der Porsche wird nicht zum Fluchtwagen in ein anderes Leben, sondern lediglich zum Transporter jener Genusschancen, die ein gut motorisierter Sportwagen bieten kann. Verlief in den 60er und 70er Jahren die Genusshierarchie von oben nach unten, hat sich dies verdreht. Der bewusst »Proll« Gebliebene versteht das Luxusobjekt möglicherweise besser als jene Schichten, für die der Sportwagen konstruiert war. Auch André Schäfers liebevoller Dokumentarfilm »100 Porsches and me« fängt ein, wie sehr sich der soziale Korridor der Elfer-Besitzer und -Fahrer geweitet hat. Die Krönung dieser Distinktionsflutung ist ein blinder Richter, der auch biologische Grenzen, die eigentlich für den Sportwagengebrauch vorgesehen sind, hinter sich lässt.

1993
1996

Der 993er

Der schnelle Neue

Überraschend schnell sah der 964er gegenüber der Konkurrenz alt aus, die Produktion war ebenfalls zu teuer. Der Irrglaube des unglücklichen CEO Branitzki, dass ausgerechnet der 964er als der Elfer der kommenden 25 Jahre zu gelten habe, war schnell enttarnt. Die wirtschaftliche Situation war katastrophal. Als Harm Lagaay im April 1989 bei Porsche anfing, begann er sofort die Arbeit an einem Nachfolger. Wichtigste technische Innovation wurde die

LSA-Hinterachse. LSA steht dabei für »Leichtbau, Stabilität, Agilität«. Die neue Hinterachse kam – wie so oft bei Porsche – direkt aus dem Rennsport und verhinderte das Einfedern des Fahrzeugs beim Beschleunigen. Die 285 PS des Carrera S bedeuteten die letzte Evolutionsstufe der luftgekühlten Sauger-Boxermotoren. Eigentlich, so verrieten es die Lastenhefte der Ingenieure, sollte schon der 993er wassergekühlt werden, doch dafür fehlte Porsche das Geld. Für die unzähligen Traditionalisten war dies ein Glücksfall. Deswegen stehen die Besitzer eines Carrera S in der Hierarchie der 993er-Gemeinde bis heute ganz oben. Für Insider wie Dieter Landenberger gilt der Carrera S oder 4S als der formal schönste 993er.

Das Fahrverhalten des 993ers war ein nächster Schritt hin zu einem SL-verwandten Komfort, wie ihn der 964er schon ansatzweise versucht hatte. Mit diesem Auto konnten Stunden auf der Autobahn abgerissen werden, von Berlin nach Nizza, ohne dass Ohren, Beine oder Arme überstrapaziert wurden. Als Gegengift gegen die drohende Verbequemung kehrte Porsche mit dem 911 GT1 in den Langstreckensport zurück.

Mit dem 993er begann auch die Ära Wiedeking mit Lean Production und Kaizen. »Im Boomjahr 1986 hatte Porsche«, so erinnert sich Wendelin Wiedeking, »mehr als 50.000 Autos verkauft, fast zwei Drittel davon in den USA; im Modelljahr 1993 waren es gerade noch 11.500, ganze 300 in Nordamerika.« Porsche galt als Übernahmekandidat und hätte nicht Ferry Porsche stets betont, dass die Familie einen Verkauf der Firma nicht zulassen werde, die Schlange der Interessenten wäre noch länger geworden. Als Wiedeking 1992 Vorstandschef von Porsche wurde, wollte er die Kosten in den Griff kriegen, das Profil der Firma schärfen und Produkte wie Märkte entwickeln. »Anders ist besser« hieß das Buch seiner Managerweisheiten, in dem er seine Erfolgsstrategie ziemlich volkspädagogisch verschriftlichte. Schon als Vorstand für Produktion- und Materialwirtschaft brach er mit der Unternehmenskultur, als er die ausschließliche Fixierung auf das Produkt zwar nicht in Frage stellte, aber relativierte. Bis zu Wiedekings Eingriffen wurde die Qualität des Produktes derart absolut gesetzt, dass die Kosten für diese Qualität aus dem Blickwinkel rutschten.

Zudem arbeiteten die Zulieferer unzuverlässig. »Ende der 80er Jahre wurden 20 Prozent aller Teile mehr als drei Tage zu spät angeliefert, ein Drittel der Lieferungen hatte die falsche Menge und 10.000 Teile von jeder Million waren defekt«, schreibt Wiedeking. »Bei Toyota dagegen [...] waren nur ungefähr fünf Teile von jeder Million unbrauchbar und sie wurden zu mehr als 99 Prozent termingerecht und in der richtigen Menge geliefert.«

Die Porsches waren zu teuer: Die Produktionszeiten mussten gesenkt werden und damit die Kosten. Wiedeking befahl seinen Mitarbeitern, die MIT-Studie über »Die zweite Revolution in der Autoindustrie« zu lesen. Dann erfolgte eine Bestandsaufnahme des Unternehmens, die zu erschütternden Ergebnissen kam. »Es war ja nichts in Ordnung, kein einziger Bereich.« Schlagartig wurde bewusst, wie weit Porsche hinter den japanischen Unternehmen herschlich. Das wurde als »richtige Kränkung« empfunden. Doch angesichts der Rezession 1992 blieb keine andere Wahl, als einen radikal neuen Kurs einzuschlagen. Wiedeking musste 2.000 Stellen abbauen, die Managementebenen wurden von sechs auf vier reduziert und der gesamte Workflow umgebaut. Das geschah, während der 993er frisch in die Produktion ging, und setzte sich während der gesamten Laufzeit dieses Modells durch. Erst mit dem Modell 996 schrieben sich die Produktionsbedingungen auch in das Produkt. Dieser Porsche sollte zum ersten globalisierten Elfer werden und zu einem Wendepunkt für den Porsche 911. Zeitgleich zu der Umstellung der Produktion wurde auch die Firma Porsche als der clevere David der Autobranche positioniert. Dem Totenbett entronnen, sollte die Zerbrechlichkeit der kleinen Marke zur Stärke umgedeutet werden, weil sie wie in der Geschichte aus dem Alten Testament Beweglichkeit und Überraschung ermöglichte. Zudem hatte Porsche in dieser Zeit die Chance, von der Konkurrenz unterschätzt zu werden. Wiedeking wurde von PR-Chef Anton Hunger als Gesicht der Marke aufgebaut. Es wurde erstmals ein weltweit harmonisiertes und integriertes Marketing eingeführt. Die Stimmigkeit von Produkt, PR und Marketing brachte den Erfolg mit dem Turnaround 1995. Porsche wurde wieder zur Marke der Erfolgreichen.

Vater und Sohn: die Familienkutsche

Ein Porsche gehört einem nie ganz allein. Man erfreut sich ein Leben lang an ihm, aber eigentlich bewahrt man ihn schon auf für die nächste Generation. Die Paraphrase der Philosophie eines Genfer Uhrenherstellers beschreibt das Traditionsverständnis vieler Elfer-Väter ziemlich genau. Im lateinischen »traditio« steht die Übergabe vom realen Objekten vor der Überlieferung. Beides kommt im Elfer zusammen, wenn die Euphorie-Infektion vom Vater auf den Sohn oder die Tochter übertragen wird. Es geht bei einem tendenziell irrationalen Objekt wie dem Sportwagen weniger um eine Konvention, die der Vater oder die Mutter dem Nachwuchs einpaukt, sondern um eine geteilte Passion und Zuneigung.

Regrediert der Vater am Steuer seines Elfers, kommt er dem Spieltrieb seines Sohnes denkbar nahe. Auf YouTube gibt es

einen Clip, den zu sehen bekommt, wer die beiden Stichwörter »Porsche« und »boy« eingibt. Es zeigt einen in etwa fünf- oder sechsjährigen Sohn auf dem Beifahrersitz eines sehr sportlichen Elfers beim Einbiegen auf eine Hauptstraße. Leise, beim ersten Studium des Clips kaum vernehmbar, zählt der Junge langsam runter: »Ready, steady, ... go!« Daraufhin beschleunigt der Vater mit schwarzem Baseballcap derart, dass er und sein Sohn in die Recaro-Rennschalen gedrückt werden. Der Junge johlt vor Glück und der Vater strahlt vor Stolz, dass der Junge diese Beschleunigung inmitten städtischen Verkehrs als reines Vergnügen erlebt. Am Ende der 30 Sekunden dauernden Überschreitung der gesamten Straßenverkehrsordnung fragt der Junge, ob es vor der Schule noch Kuchen gebe, der Vater nickt. »Und Schokolade?« – »Auch das«, verspricht der Vater.
Jeder Elfer-verrückte Vater wünscht sich heimlich oder auch weniger heimlich, dass seine Kinder die Leidenschaft ein wenig mit ihm teilen. Geteiltes Glück ist doppeltes Glück. Der Clip zeigt ein Ideal: Vater und Sohn in der Begeisterung vereint, wechselseitiges Totalvertrauen, Nähe durch Freude und Erregung. Im Begleittext zum Clip gesteht der Vater ein wenig selbstironisch, dass er nur so schnell fährt, weil die »peer pressure« seines Sohnes ihn dazu zwingt. Porsche hat in seinen Niederlassungen für diese Väter und ihre Kinder wie fast alle Autohersteller Spielecken eingerichtet, so dass der samstägliche Besuch in diesen Sakralbauten der Elferei in jeder Hinsicht familientauglich werden kann. Die Kinder können dort Porsche-Malbücher kolorieren oder mit jeder Menge Spielzeug-Elfer für Chaos sorgen. In den Vitrinen daneben werden Spielzeuge für jedes Alter angeboten. Vom abwaschbaren Plüsch-Elfer, bei dem das Porsche-Logo wie die Carrera-Schrift exakt eingestickt ist, über die Snackbox

für den Kindergarten bis hin zum gelben Elfer-Cabrio mit Elektromotor und einer Höchstgeschwindigkeit von vier Kilometern pro Stunde reicht das Angebot. In den 80er Jahren baute Porsche sogar ein SC-Cabrio im Maßstab 1:2, das mit einem 2 PS starken Honda-Motor ausgestattet wurde und wie ein »großer« Elfer mit Bedienungsanleitung, Teilekatalog und Kundendienstheft ausgeliefert wurde. Aus haftungsrechtlichen Gründen wurde die Produktion jedoch bald wieder eingestellt, heute ist das gut zwei Meter lange Millionärsspielzeug ein gesuchtes Sammlerstück.
Porsche-verrückte Väter und Patenonkel können schon im Kreißsaal mit der Bearbeitung der unschuldigen Kindergemüter beginnen. Mitunter führt derlei ungebremstes Engagement zur gegenteiligen Wirkung. Die Kinder nerven die Erregtheit der Eltern über ihren engen Sportwagen und das monotone Gerede über ein Fahrzeug, dem sie mitunter wenig abgewinnen können.
Wer als Elfer-vernarrter Vater Glück hat, erhält ein wenig Mitgefühl im doppelten Sinne: als Mitleid oder Empathie. Gelingt es den Eltern, den Elfer zu einem selbstverständlichen, ohne Pathos oder Pedanterie benutzten Familienmitglied zu machen, wachsen die Chancen, dass die Kinder das Röhren des Motors, die Wärme des Boxers, der an die für kleine Kinder wie gemachten Notsitze schlägt, als einen Teil ihrer Heimat verstehen. Einige Elfer-Väter schwören darauf, dass ein schreiendes Baby, das sich weigert einzuschlafen, auf dem Rücksitz innerhalb von zwei Minuten einschläft, wenn der Boxermotor läuft. Auf Porsche-Foren wird mit Hingabe diskutiert, welcher Kindersitz in welchen Elfer passt. Dabei werden augenscheinlich weder Kosten noch Mühen gescheut, um die Lust nach dem Cruisen oder auch Heizen mit dem Porsche zu akkordieren mit dem Si-

cherheitsbedürfnis der Kinder. Wohl auch deshalb sind für ältere Porsches die Kindersitze auch gebraucht ungewöhnlich teuer auf eBay.

Der Sportwagen als Idylle, in dem die Familie eng beieinandersitzt, hat zur Voraussetzung, dass alle Familienmitglieder dieses besondere Auto gemeinsam genießen können. Für den Sohn eines Rennfahrers waren die Notsitze eines Porsche oft die einzige Art, um mit dem Vater in Kontakt zu bleiben. Donald von Frankenberg erinnert sich mit Respekt an die Fahrten auf dem Rücksitz des Porsche, wenn es der Vater nicht lassen konnte, die Rennneigung auch im Straßenverkehr auszuleben. »Angst verspürte ich keine«, schreibt er rückblickend. »Damit war ich eine Ausnahme, wahrscheinlich lag eine Art Urvertrauen vor.« Andere Beifahrer, so erinnert sich der Sohn, wollten nicht am eigenen Leibe erfahren, ob die Kurve einer Autobahnausfahrt 130 oder 150 Kilometer pro Stunde vertrug. Als er zehn Jahre alt war, gab es Ausfahrten in den letzten Baureihen des 356ers, die er unangeschnallt auf dem Beifahrersitz erlebte – »immer Vollgas«. Die Spannung zwischen Geborgenheit und Angst bot ideale Voraussetzungen für eine Traumatisierung. Das Urvertrauen in den Vater übertrug er auch auf den niederländischen Formel-1-Fahrer Carel Godin de Beaufort, der bei den Frankenbergs wohnte, wenn sein Porsche in Zuffenhausen überholt wurde. »Auch er fuhr immer«, so Donald von Frankenberg, »als wäre ein Rennen!« Carel Godin de Beaufort verunglückt 30-jährig beim Training für den Großen Preis von Deutschland auf dem Nürburgring in seinem Porsche.
Als Donald mit 17 Jahren den Führerschein machte, drückte ihm der Vater den Schlüssel des 911ers in die Hand und

schwitzend vor Aufregung zockelte der Sohn durch den Stuttgarter Vorort. Dann nahm der Vater auf dem Beifahrersitz Platz und lotste den Sohn auf die Autobahn, bis der Sohn bei Tempo 180 war, und das auch bei starkem Regen. Donald von Frankenberg hatte sein Unterhemd nassgeschwitzt. Jahre später sollte er am Grab seines Vaters stehen, der nach mehreren schweren und schwersten Unfällen bei einem Unglück auf der Autobahn bei Stuttgart gestorben war, im Alter von 51 Jahren.

Bei Dieter Landenberger, dem Leiter des Porsche-Archivs, begann die Liebe zu Porsche und zum Elfer im Speziellen friedlicher und weniger traumatisch. Seine Mutter fuhr einen 924er, doch auch im Elfer konnte er als Junge häufig Platz nehmen. Saß er hinten rechts, in Embryohaltung in die Notsitzmulde gekauert, konnte er von da den Tacho in den Blick nehmen und jubelte innerlich, wenn die Marke von 200 Kilometern pro Stunde gerissen wurde. »Wenn ich mal groß bin …« stand in großen Lettern über dem Bild eines Jungen, der mit einem weißen Elfer spielte, während in der elterlichen Garage ein gelbes G-Modell parkte. Diese Werbung aus den 70er Jahren imaginiert jenen Generationenvertrag, der etwas konventionell vor allem vom Vater auf den Sohn übertragen werden soll. Dieses Klischee ist längst aufgebrochen. Bei der ziemlich exklusiven Oldtimer-Rallye »Mille Miglia« sieht man autobegeisterte Familien, in denen Vater, Mütter, Söhne und Töchter gleichermaßen eine Art genetisch verwobenen Rennstall bilden.

Oft genug gibt es auch in glücklichen und harmonischen Ehen Auseinandersetzungen darüber, wie vernünftig die Mitfahrt der Töchter und Söhne in Papas Elfer ist. In der Regel werden strenge Vorgaben über Höchstgeschwindigkeiten und Kurvendurchfahrtsweisen erteilt. Die Werbung für den Elfer schnitzt daraus ihre eigene Pointe: »Sie können länger frühstücken. Sie sind früher zum Abendessen zurück. Gibt es ein besseres Familienauto?« Logischerweise wurde die Werbung auch auf einen Aufruf zur Raserei reduziert und deswegen druckte Porsche rechts über die kessen Werberzeilen die rührende Anregung: »Porsche empfiehlt: Fahren Sie vorsichtig!« Darüber wurde bei den Freunden der zügigen Fortbewegung viel gelacht. Die Mehrheit der Deutschen lehnte diese Art von Ironie und Werbung ab. Die gesellschaftliche Akzeptanz der Sportwagenfahrer und die der Porsche-Piloten im Besonderen nahm ab. 1994 beendete Porsche die Zusammenarbeit mit Jung von Matt. Die Grünen erhielten bei den Europawahlen im selben Jahr erstmals über zehn Prozent der Stimmen in Deutschland. Das Bildungsbürgertum ersetzte Humor durch Moral.

Der grüne Porsche

Es war eine ziemlich außergewöhnliche Bitte, welche die Entwicklungschefs der deutschen Autohersteller 1995 an Porsche richteten. Sie sollten die Abgaswerte des Porsche 993 Turbo eher nicht veröffentlichen. Ausgerechnet der 408 PS starke, fast 300 Kilometer pro Stunde schnelle, breitbackige, tiefergelegte Porsche Turbo war 1995 das emissionsärmste Serienauto der Welt. Ein VW Golf mit 60 PS schleuderte fast dreimal mehr CO_2 in die Luft, ein Mercedes 600 SEC mehr als fünfmal so viel. Verantwortlich dafür waren die beiden Katalysatoren, die mit »Krakenarmen«, wie der »Spiegel« hymnisch berichtete, das Antriebsaggregat umschlangen und die Abgase aufwendig reinigten, ständig überwacht durch zwei Lambda-Sonden.

Einmal mehr profitierte Porsche von den ökologisch wegweisenden politischen Vorgaben an ihrem bedeutendsten Absatzmarkt, den USA. Schon Mitte der 90er Jahre zeichnete sich ab, dass Kalifornien bald noch strengere Abgasauflagen einführen würde, die Porsche mit dem 993 Turbo bereits erfüllte. Zudem erwarb das Entwicklungszentrum in Weissach damit eine Kompetenz, die es als Hightech-Dienstleister auch an andere Automobilhersteller verkaufen wollte. Die Resonanz des Coups wirkte lange nach und ließ auch vergessen, dass einige Porsches, sogar einige Elfer in Sachen Verbrauch alles andere als vorbildliche Zeitgenossen waren. Auf den Seiten der Porsche-Foren beichteten Elfer-Freunde den Durst ihrer 86er Turbos (bis zu 26,5 Liter), ihrer 911 S oder auch der G-Modelle, wenn sie in der Stadt zügig bewegt wurden. Doch diese Exzesse waren eher die Ausnahmen als die Regel.

Selbst der Elfer-skeptische Brite Jeremy Clarkson staunt in seinem gutgelaunten Filmchen über den damals neuen 997 Turbo über die für einen solchen Sportwagen niedrigen Emissionswerte, die verglichen mit dem Ferrari 430 geradezu vorbildlich waren. Wenn man damit in eine stark verschmutzte Stadt wie Los Angeles, Kalkutta oder London fahre, so Clarkson, sei die Luft, die der Motor einzieht schmutziger als das, was aus dem Auspuff wieder herauskommt. So komme ihm dieser Turbo wie ein großer Staubsauger vor, man hätte ihn Dyson Turbo nennen sollen.

Das Prinzip des Leichtbaus verhalf Porsche oft zu vernünftigen Verbrauchswerten, auch in Zeiten, als dies kein Kriterium war. Schon im ersten Prospekt 1948 (!) warb die Firma mit niedrigen Verbrauchswerten. Dort hieß es, dass bei höchster Reisegeschwindigkeit der Verbrauch nur 7,2 Liter auf hundert Kilometer betrage, auch wenn Richard von Frankenberg dies rückblickend als ein wenig »naiv« einordnet. Dennoch: Die Leichtigkeit der Sportwagen und die kleinhubigen Motoren sorgten von Anfang an für einen

Verbrauch, den die Konkurrenz mit ihren Achtzylindern und schweren Karossen nicht annähernd erreichen konnte. Die schwäbische Sparsamkeit, die Allergie gegen jede Form von dysfunktionaler Verschwendung bildete das Einfallstor für das ökologische Bewusstsein, bevor dieses in Mode kam. Die schlanke Ausstattung ermöglichte auch bei alten 911-Modellen entspannte Autobahnfahrten mit nur zehn Litern Verbrauch. In den 70er Jahren konsumierte der Elfer aufgrund der gesenkten Verdichtung nur Normalbenzin. Als erster Autohersteller benutzt Porsche seit 1975 feuerverzinkte Bleche serienmäßig, um die Autos langlebig vor Rost zu schützen. Die Autos erhalten Garantien gegen Durchrostung, die immer länger laufen. 1982 eröffnete in Weissach die erste autark arbeitende Abgas-Prüfanlage der Welt: das Messzentrum für Umweltschutz (MZU). Mit dem 991er und der darin verwendeten Start-Stopp-Technik kann der Verbrauch nochmal entschieden verbessert werden, zudem profitiert dieser aktuelle Elfer von der Diät und den neuen Leichtbauteilen. Noch wichtiger vielleicht ist das Image, das durch die Start-Stopp-Technik bei jedem Ampelstopp den vor sich hin qualmenden und röhrenden Nachbarn kommuniziert, dass auch dieser Sportwagen zur Verbesserung des Weltklimas etwas beitragen möchte. Die Start-Stopp-Technik senkt den Verbrauch in der Stadt, aber sie erhöht vor allem das Prestige des Elfer-Fahrers, der damit die Luxusvariante der »green conspicuous consumption« zur Distinktion nutzen kann. In dieselbe dunkelgrüne Kerbe haute auch die Vorstellung des Porsche 918 Spyder, der so 2010 zum meistfotografierten, -diskutierten und -verklärten Auto des Genfer Autosalons wurde. Der Supersportwagen in der Tradition des Carrera GT besaß zusätzlich zu einem Achtzylinder mit 500 PS zwei Elektromotoren, die 218 PS dazu addierten. Der Hybrid-Rennwagen sollte, zaghaft bewegt, mit nur drei Litern Sprit auskommen. Der extrem aufwendig konstruierte Prototyp war eine rasende Antithese zum Ökocalvinismus, der weit in bürgerliche Lebenswelten eingebrochen war, wie dies auch die Wähleranalysen der Grünen belegten. So wurde dieser Prototyp nicht nur als technisches Abenteuer wahrgenommen, sondern auch als ein Gedankenexperiment, das an den Grundfesten jener Überzeugungen rütteln sollte, die eher eine protestantische Ästhetik der Entsagung als »ökologisch korrekt« einforderten. Dass der 918 Spyder auch mit einem extrem niedrigen CO_2-Ausstoß von nur 70 Gramm pro Kilometer bewegt werden konnte, ließ einige Kulturpessimisten verstummen. Für den Rennsport wurden Teile des Konzeptes für einen 911 GT 3 R Hybrid genutzt, der auf dem Beifahrersitz einen monströsen Schwungradspeicher plazierte, der beim Bremsen aufgeladen wird und diese Energie an die beiden Elektromotoren an der Vorderachse abgeben kann. Beim 24-Stunden-Rennen am Nürburgring lag ein GT 3 R Hybrid lange in Führung, bis ihn ein technischer Defekt zur Aufgabe zwang.

Beim genaueren Studium der Firmengeschichte wird ersichtlich, dass Porsche mit diesem Prototyp auf eine über hundert Jahre alte Tradition verweisen konnte. Der erste Coup des Ferdinand Porsche war ein Elektroauto, das auf der denkwürdigen Weltausstellung 1900 in Paris als Sensation galt. Bei diesem Großereignis zur Jahrhundertwende wurde das elektrische Zeitalter eingeläutet und Porsche war ein Pionier bei der Nutzung von Elektrizität für moderne Mobilitätskonzepte. Die Nachteile des Elektromobils waren damals – wie heute – das außerordentlich hohe Gewicht der Batterien, die begrenzte Reichweite und die lange Ladedauer. Das wurde schon im Jahr 1900 erkannt.

Marshall McLuhans etwas forsche Prognose, dass der Sportwagen die Zukunft des Automobils sei, die es als Gebrauchsgegenstand längst verloren hat, bekam ökologisch ein neues (Dreh-)Momentum. Ferry Porsche erkannte in den ökologischen Herausforderungen vor allem eine Chance. »Ich bin der Meinung, dass der Sportwagen eigentlich Vorreiter für neue Dinge ist und es auch schon in der Vergangenheit war.« In der Zukunft sollte er es bleiben, wenn es um ökologische Herausforderungen ging. Da der Verbrauch von Gewicht und Luftwiderstand abhängig sei, sei »der Sportwagen im Vorteil«. Zudem sah Ferry Porsche die Möglichkeit, Entwicklungen für den Rennsport nicht nur zur Leistungsoptimierung zu nutzen, sondern – mit dem Turbo zum Beispiel – den Wirkungsgrad der Motoren zu verbessern. Dadurch kämen Autos »auf extrem niedrige Verbrauchswerte«. Ohne Anleitung oder Ermahnung von Seiten der Politik hat Porsche »green technology« vorangetrieben. Es passt gut zum Selbstverständnis des Unternehmens.

Wer auf Internetseiten nach gebrauchten Ferraris, Lamborghinis oder eben Elfern sucht, findet erstaunlich viele Modelle mit geringen Laufleistungen. Der Porsche 911 wird weniger für den automobilen Alltag denn als Genussmittel eingesetzt. Für Schnee, Regen, Salz auf der Straße oder auch nur einen mürrischen Tag mit grauem Himmel und diesiger Sonne eigentlich zu schade. Der Porsche verhält sich zum täglichen Pendlerkarren für den Nichtmillionär wie das Ökofleisch vom Biomarkt zur Supermarkt-Bratwurst. Ein Werbespot von Mercedes zeigt den modernen Kunden beim ästhetischen Genuss der Limousine in der Garage, um ihn dann mit dem Fahrrad losfahren zu lassen. Je teurer und schöner ein Fahrzeug ist, umso bewusster wird es eingesetzt. Besitzer von Oldtimern und seltenen Sportwagen verkörpern mit dieser Praxis die Vorhut künftiger Pkw-Nutzung. Weniger, aber besser. Die LOHAS haben erkannt, dass besonders in der verstauten Rushhour-Zeit sich ein Porsche am wohlsten in der Garage fühlt und U- und S-Bahnen die zügigeren Transportmittel sind, aber wer am Wochenende oder zu für Workaholics typischen absurden Arbeitszeiten ins Büro muss, hat jede Menge Spaß mit einem Porsche 911.

Vollkommen ausgeschlossen ist es für Porsche-Liebhaber, ihren Wagen für den sprichwörtlich gewordenen Weg zum Bäcker nebenan zu benutzen. Dies würde den Wagen schon mittelfristig zerstören, weil gerade bei alten Elfern – wie schon mehrfach erwähnt – die neun Liter Motoröl warm gefahren werden müssen, bevor ein dem Wohl und Wehe des Fahrzeugs gedeihliches Hochdrehen des Boxers empfohlen wird. Die Liebe zum Auto führt zu einer hohen Sorgsamkeit im Umgang mit dem Porsche und damit zu einer erhöhten Lebensdauer, die für die Ökobilanz entscheidend ist. Ein Porsche verweigerte sich von Anfang an der Logik des Wegwerfproduktes und der Elfer wurde von allen Porsches derjenige, der anders als die günstig zu erwerbenden und deutlich durstigeren Cayennes oder 928er für viele junge Elfer-Freunde geradezu schockierend wertbeständig ist. Selbst schrottreife Exemplare, die aus feuchten Scheunen aus dem amerikanischen Mittleren Westen nach Europa geschifft werden, kosten im Jubiläumsjahr 2013 so viel wie vor 15 Jahren noch ein gut erhaltenes Exemplar desselben Baujahrs. In der Sprache des Bankberaters: Ein Porsche 911 ist mit der Ausnahme des 996ers ein Bluechip im Gebrauchtwagenmarkt. Glaubt man den Experten der unzähligen Old- und Youngtimer-Magazine, hat diese Kursentwicklung nur eine Tendenz: stur nach oben.

In Deutschland werden 1,1 bis 1,7 Millionen Fahrzeuge jährlich verschrottet – unter großen Belastungen für die Wirtschaft. In der EU fallen jährlich neun Millionen Tonnen Automüll an. Anders bei den Porsches: Von allen jemals produzierten Zuffenhausener Sportwagen sind über 70 Prozent noch existent, eine deutlich höhere Quote der Porsche 911 ist noch »am Leben«. Dies macht die Sportwagen zu ökologischen Vorzeigeobjekten. Eine Tatsache, auf die Porsche sehr stolz ist. Der wahre Porsche-Fahrer versteht sich als verantwortungsbewusster Konsument. Er ist kein Freund des Tempolimits, aber auch kein Hasardeur der Überholspur. Es genügt vollkommen zu wissen, was das Auto kann, es muss nicht ständig unter Beweis gestellt werden. Das überlässt er den gestressten Vertretern und leitenden Angestellten in ihren süddeutschen Kombis.

Konsumenten entscheiden über die ökologische Verfassung der globalisierten Welt – vorausgesetzt, sie verfügen über das Mindestmaß an Wohlstand und Wissen, das dafür notwendig ist. Im Kapitalismus betreibt der Konsument mit seiner Nachfrage ständig und umfassend die Gestaltung der Welt. Das Credo liberaler LOHAS stammt vom Säulenheiligen des Neoliberalismus, Adam Smith, der postulierte, dass Zweck jeder Produktion der Verbrauch sei. Ein ökologisch bewusster Lebensstil war bisher geprägt von Schuld- und Sühnepredigten sowie umfassenden Lusteinbußen. Dabei bietet gerade der Luxus ideale Voraussetzungen für eine nachhaltige Nutzung. Wertvoll sind Konsumgegenstände, die potentiell die Qualität und Substanz haben, nicht nur die eigene Lebenszeit zu überstehen, sondern weitervererbt werden zu können. Je länger die Lebensdauer eines Produktes, umso besser wird die Ökobilanz. Der Sinn für Ästhetik und Luxus müsse gestärkt werden, »damit Wachstum nicht über Mengen, sondern über Schönheit funktioniert«, wie der damalige Generalsekretär des Club of Rome, der Hamburger Uwe Möller, 2002 anmerkte. Wollen die reichen westlichen Länder eine Vorbildfunktion einnehmen, dann sollten sie Geld vor allem für wertbeständige Konsumgüter ausgeben. Durch eine Reparaturgesellschaft entstünden zudem neue Arbeitsplätze.

Nicht nur Haltbarkeit, sondern auch Ästhetik und Identifikation mit dem Produkt entscheiden, wie lange man es behält. Gekauft werden sollte stets so, dass alles weitervererbt werden könnte. Auch so entstehen ein Generationenvertrag und eine Verbundenheit mit den Ahnen, die über gemeinsame Werte und Herkunft auch einen ganz materiellen gemeinsamen Alltag beschreibt. Die Kommode des Großvaters, die Bilder der Oma und der Porsche 911 der Mutter machen Erinnerung authentisch.

Gegen die Verfallsdaten auf Billigprodukten setzen Luxushersteller auf die Verlängerung der Produktlebensdauer. Deshalb hat Porsche unter anderem nicht nur ein umfangreiches Garantiesystem eingeführt, sondern auch für Besitzer alter Porsches die Versorgung mit Originalteilen sichergestellt. Zudem kann jeder Porsche-Besitzer sein wie auch immer lädiertes Erbstück in die Classic-Werkstatt von Porsche nach Freiberg am Neckar bringen, um es dort reparieren zu lassen, ähnlich wie man jedes Hermès-Stück nach Paris zur Reparatur schicken kann. Luxus bedeutet, nicht weggeschmissen zu werden.

Will der Elfer ein ewiger Sportwagen bleiben, wird auch die Metamorphose hin zu einem ökologisch unbedenklichen Produkt fortschreiten. Eine grüne Entelechie des Elfers hat der Schriftsteller Ralf Bönt entwickelt. »Weil er bleibt«, so der gelernte Kfz-Mechaniker, »werden wir einen Elfer sehen mit einem Leergewicht von wenigen hundert Kilo, dezenten elektromagnetischen Kollektoren in Dach und Hauben, vier Elektromotoren an den Radlagern, perfekter Gewichtsverteilung durch die Batterien und null Emission auf der Kurzstrecke. Vielleicht sogar mit ausreichender statt albern überquellender Leistung. Wir treten ja in die Phase des intelligenten Fahrens.«

1997
2006

Der 996er

Der Gezeichnete

Porsche ahnte, welche Erschütterungen der 996er in einem durch klare Linien und Konzepte definierten Weltbild auslösen musste. Unter dem Stichwort »Design« wird im Prospekt für den neuen Elfer ein therapeutischer Dialog (Oder ist es ein Fragment von Samuel Beckett?) vorweggenommen, der die Gemüter der Gusseisernen besänftigen soll.

Ist das ein 911?
Ja.
Aber der sieht ja etwas anders aus.

Ja.
Fährt er sich wie ein 911?
Ja.
Oder anders?
Ja.
Warum hat Porsche das gemacht?
Damit der 911 auch in 30 Jahren noch ein Klassiker ist.

Damit war Porsche inmitten einer philosophisch-semantischen Diskussion über den Konservatismus, von dem Franz Josef Strauß betonte, dass es nicht darum gehe, als Konservativer nach hinten zu blicken, sondern an der Spitze des Fortschritts zu marschieren. Das passte auch besser zum Lebensgefühl des Sportwagenfahrers. Doch die nostalgischen Beharrungskräfte waren durch den Traditionsbruch des 996ers traumatisiert. Wenn das der Preis für den Fortschritt war, um einen Klassiker marktfähig zu halten, würden sie diese Art von Fortschritt ablehnen. Die Elferisti bemühten dazu auch biologistische Vergleiche. Für den 993er-Besitzer Per Hinrichs war die DNA der Elfer von Generation zu Generation ordentlich vererbt worden, mit dem Ergebnis einer ordentlichen Ahnenreihe. Dagegen erschien der 996er wie eine Mutation durch kosmische Strahlen oder ein Blechtumor. »Während der 993er noch ein Sportwagen war, eng, klein und angemessen zickig«, so Hinrichs, »wuchs sich der 996er zur Geschäftsführerlimousine aus.« Zudem erschien der 996er für die Traditionalisten zu streberhaft, erfüllte er doch die Abgasnormen bis 2020 und hatte sogar ESP, in Zuffenhausen PSM getauft (Porsche Stability Management): »Eine elektronische Schleuderbremse für eine Heckschleuder.« Das sei wie Stützräder an einem Formel-1-Wagen. Auch der Motorklang wurde kritisiert. Heiser röchelnd, hoch kreischend fahre der 996er mit seinen 17 zusätzlichen PS einem 993er davon. Aber das war egal. Der 993er gebe seinem Fahrer alle Chancen, das Ding bei Regen gegen die Leitplanken zu setzen, während der Neue sanft eingebremst werde. Die Liste der Vorbehalte ließe sich endlos fortsetzen. Selbst im Jubiläumsjahr 2013 wagt nur das britische Magazin »911 & Porsche World« die Prognose, dass seine Zeit kommen werde. »Inevitably good ones will start to rise in value. Get one now, we say.« In der deutschen Realität ist diese Vorstellung noch nicht angekommen. 2013 kann selbst ein scheckheftgepflegtes Coupé oder Cabrio mit wenigen Kilometern Laufleistung nur mit massiven Preisnachlässen verkauft werden – und oft genug an ziemlich komische Leute, die man eigentlich nicht so gerne in einem Elfer sehen mag. Und das, obwohl der 996er in den Pannenstatistiken des ADAC 2012 für seine Baujahre die Bestnoten vor allen anderen Fahrzeugen erhält. Wer in Zeiten des 991ers einen 996er fährt, tut dies, entweder weil er sich keinen anderen Elfer leisten kann oder weil er dessen Zuverlässigkeit schätzt, die ihn zum solidesten Auto dieser Baujahre macht, wie ADAC-Pannenstatistiken Jahr für Jahr beweisen. Einige wenige Stilikonen verstehen ihren Elfer auch als Stinkefinger auf vier Rädern gegen die versnobte Welt und die Seriennummernfetischisten. Er ist ein Gefährt der Rebellion gegen das zivilreligiöse Elfertum, eine Art heroische Ketzerei.

Der große Bruch I: das Wasser

Am 31. März 1998 wurde in Zuffenhausen der letzte luftgekühlte Elfer montiert. Der Motor dazu, so raunt es in der Porsche-Gemeinde, wurde am 27. März gebaut. Wenn das stimmt, dann wäre dies für Traditionalisten ein doppelt trauriger Tag gewesen. Dass an diesem Freitag der Erfinder der Porsche-Sportwagen, Ferry Porsche, im Alter von 88 Jahren verstarb, hat dem Abschied von den luftgekühlten Elfern den Rang eines geradezu mythischen Bruchs verliehen. Den Außenstehenden kann die Bedeutung einer Kühltechnik für einen Sechszylinder-Boxer nur schwer erklärt werden. Es hat, wenn man mit Elfer-Freunden und -Verrückten spricht, viel mit der Wertschätzung von Traditionen zu tun, die nicht nur im Automobilbau durch die technischen Entwicklungen, den Zeitgeist und die Veränderung der Gesellschaft überall erodieren. Elfer-Freunde sind Traditionalisten, ohne dabei konservativ sein zu müssen, weil

der Elfer stets ein Beweis dafür war, dass das Bewährte sich am aktuellen Leistungsstand messen will und nicht als Ehrenformation seiner eigenen Geschichte Sonderrechte beansprucht. Der Elfer war und ist im besten Fall beides: ein ebenso neues wie bewährtes Fahrzeug, etwas Historisches und Zukünftiges, etwas Erprobtes und Unerhörtes.
Dabei hatte das Festhalten an der Luftkühlung nicht nur traditionalistische Gründe bei Porsche. Volkswagen zahlte zwei Drittel des Porsche-Rennbudgets unter der Maßgabe, dass die Zuffenhausener nur mit Luftgekühlten siegen sollten. VW war mit dem Käfer noch Mitte der 60er Jahre Opfer jener Luftkühlmonokultur, die ihre Ursprünge in den ersten Plänen Ferdinand Porsches aus den 30er Jahren hatte. Die Porsche-Triumphe sollten beweisen, wie leistungsfähig und wegweisend eine vermeintlich überholte Technik sein konnte. Doch Ferdinand Piëch betont in seinen Memoiren, wie wenig Luftkühlung ein Dogma war, weder für ihn noch Ferdinand Porsche noch dessen Sohn Ferry. Das mit der Luftkühlung war ein Nebenprodukt der Geschichte, dem »durch die Tauglichkeit des Kübelwagens im Krieg« ein Mythos geschaffen wurde, der vom 356er zum Porsche-Prinzip umgedeutet wurde. »Die Kunden (sozusagen die Fans)«, bemerkt Piëch, »machten daraus eine Weltanschauung, wir Techniker waren eher neutral.« Diese Neutralität hatte Gründe. Denn mit Luftkühlung konnte etwas weniger Leistung erzielt werden, aber dafür waren luftgekühlte Autos leichter. Und genau jenes Ideal eines leichten, kompakten Sportwagens definierte von Anfang an sehr stark den lebensweltlichen Glutkern der Porsche-Kunden. Auch ein Ingenieurvirtuose wie Piëch hatte dafür ein Faible. In seinem Studium hatte er sich besonders für Leichtbausysteme aus der Flugzeugtechnik interessiert. Dass Porsche

auch die aufwendigsten Hilfskonstruktionen bemühte, um die Nachteile der Luftkühlung zu kompensieren, reizte ihn wie einen Mathematiker eine knifflige Gleichung.
Als das erste Mal ein »Wasserkraftwerk« einen Porsche 911 antrieb, musste auf Seiten der Traditionalisten und treuesten Porschekunden umfassend aufgeklärt und mythisiert werden – im selben Atemzug. »Christophorus« bringt eine Art Sondernummer, die rückblickend wie eine Art Entschuldigung für die angerichteten Traditionsbrüche wirkt. Herausgeber Anton Hunger, gleichzeitig Wendelin Wiedekings enger Vertrauter und Pressechef, weist im Editorial zur Sondernummer darauf hin, dass auch schon im Porsche 959 und einigen Rennsportwagen eine Wasserkühlung am Werk war – und damit, dass das Neue eigentlich etwas Altes sei. Im Heft selbst wird zunächst betont, dass auch der neue Porsche 911 Carrera von einem Sechszylinder-Boxer angetrieben werde, weil dieser Motor mit seiner flachen Bauweise sehr gut zum Heckmotorkonzept passe. Zudem verschaffe die gegenläufige Arbeitsweise seiner Kolben Laufruhe. Da es keine freien Massenkräfte gebe, entstehe ein »mechanisches Wohlverhalten«, das dem Sportwagenmotor erlaube, stabil auch in hohe Drehzahlbereiche vorzustoßen. Nach langer Einleitung kommt der Autor zum Punkt. Um hohe Leistung, niedrigen Verbrauch und geringe Schadstoffwerte zu erreichen, benötige man eine Vierventiltechnik und die sei nur mit Wasserkühlung möglich. In einem Porsche-Werbefilm formuliert Hunger pointierter: Experten hätten die Wasserkühlung sofort akzeptiert, weil sie wüssten, dass daran für einen modernen Sportwagen kein Weg vorbeiführe, die Nostalgiker benötigten etwas mehr Aufklärung (weil sie keine Ahnung haben). Das sagte Hunger natürlich nicht, aber jeder, der Ohren hatte, konnte es verstehen.

Die für keine Mätzchen zu erweichenden Sportwagenexperten von »Sport Auto« verglichen in einem umfassenden Test den aufgedunsenen 996er mit dem mittlerweile als Kultwagen gerühmten Porsche 993. Und der 996er war dem Luftgekühlten in jeder Hinsicht überlegen: bei der Beschleunigung von null auf 200 Kilometer pro Stunde und (ganz besonders) beim Herunterbremsen von 200 Kilometern pro Stunde auf null. Im Vorwort zu dem umfangreichen, 15-seitigen Test betont der Autor, dass dieser Test den Porsche-Traditionalismus übergeht und einfach die technischen Werte sprechen lassen will. Auf dem Nürburgring nimmt der 996er dem 993er elf Sekunden ab, auf dem Hockenheimring 2,4 Sekunden. Nur beim Slalom und beim Ausweichtest erweist sich der kompaktere 993er als agiler. Auch eine 360-Grad-Pirouette ist mit dem 996er eigentlich nicht mehr möglich. »Der neue Carrera hat tatsächlich an Charisma eingebüßt«, lautet das Fazit, »ungeachtet subjektiver Empfindungen haben wir es aber mit einem Sportwagen zu tun, der unter fahrdynamischen Gesichtspunkten wirklich neue Maßstäbe setzt.« Porsche-Werksfahrer Bob Wollek pflichtet diesem Urteil bei: »Für mich ist dieses Auto der beste Elfer, den es je gab.« Walter Röhrl hatte eine noch einfachere Regel: »Gibt es einen schnelleren Elfer auf der Nordschleife: ja oder nein?« Die Antwort war ganz einfach. Im Lateinischen werden Atem, Lufthauch und Seele mit dem gleichen Wort bezeichnet: »anima«. In diesem Sinne ist der luftgekühlte Elfer der beseelte Elfer. Die Elfer nach ihm müssen ihre Seele erst beweisen. Sie stehen unter Generalverdacht. Für die Luftis, so flapst Ingo Rübener, heißt es in der Regel weiter: »Wasser? Nein danke!«

Der große Bruch II: die Form

Als wäre die Wasserkühlung nicht Prüfung genug, wird der Bruch mit der Antriebskonzeption durch eine radikal anmutende neue Formensprache unterstrichen. Dieser Elfer soll als etwas vollkommen Neues wahrgenommen werden. Auch wenn das Risiko dabei sein könnte, dass der Elfer alte Freunde befremdet. Die zur Religionsgemeinschaft gewordene Gemeinde der Elfer-Puristen sah mit Schrecken, dass die Häresie mit dem 964er und dessen Hängebauchoptik und wulstigen Stoßfängern noch steigerungsfähig war. Nach dem eher restaurativen Ansatz des 993ers war der 996er in vielerlei Hinsicht ein gänzlich neues Auto, das selbstbewusst mit vielen Traditionen brach. Am augenfälligsten war die Veränderung der Frontpartie. Die Spiegeleioptik der Frontleuchten mit den integrierten Blinkern und Nebelleuchten führte zu heftigen Reaktionen. Galten die Rundscheinwerfer nach 35 Jahren als Markenkern des

Porsche 911, hatte der niederländische Autodesigner Harm Lagaay einen bewussten Bruch herbeigeführt, obwohl er seit 1971 in Weissach gearbeitet hatte und die Porsche-DNA internalisiert hatte. Laagays respektloser Entwurf rief die Tuner auf den Plan. Von Strosek wurden Scheinwerferblenden verkauft, die dem 996er einen etwas klassischeren Auftritt bescheren sollten. In der Realität ließ diese kosmetische Operation an der Augenpartie die Entstellung noch monströser werden. Der Elfer sah aus, als hätte man ihm vorne Heinos dunkle Brille aufgesetzt. Der 996er wurde amateurhaft zur grotesken Erscheinung retouchiert.

Lagaay hatte bis auf die Scheibenlandschaft über der Schulter wenig so gelassen, wie es der Porsche-Kunde kannte – und schätzte. Der Radstand wuchs, der Wagen wurde länger und breiter – und er wurde komfortabler. Lagaay verstand die neue Form als ein virtuoses Wechselspiel von konvexen und konkaven Linien. Die Kanonenrohre, mit denen der Elfer bislang die Umwelt in den Blick genommen hatte, waren dabei eingeebnet worden. Sie assimilierten mit dem Kotflügel, ohne ihm besondere Dramatik zu verleihen. Die Konturen des Elfers zerflossen. Für machistische Elfer-Freunde waren die Kanonenrohre die Brüste ihres Lieblings und das Dekolleté des 996ers war beschämend unerotisch, fast androgyn und knabenhaft.

Die Hüften waren mit dem Rest des Autos verschwollen. Der 996er hatte etwas von einer riesigen Blase. Zur etwa selben Zeit veröffentlichte Peter Sloterdijk seine Sphären-Trilogie, die er mit den Blasen begann. Die iMacs von Apple sahen so aus, Turnschuhe von Nike, Jacken von Comme des Garçons. Vor dem Millennium bekam das Design eine kosmische Ungenauigkeit, die weich, weiß und wuchernd Ecken und Kanten verbannte. In der Architektur wurde der Biomorphismus der Metabolisten wiederentdeckt. Eigentlich hatte der 996er die Form eines kleinen Embryos.

So wie die Elfer dicker wurden, wurden es auch die Kunden. Der vom Erfolg etwas feist gewordene Geschäftsführer konnte vom Mercedes SL zum Porsche wechseln, ohne Komforteinbußen. Der österreichische Populist Jörg Haider war so ein begeisterter 996er-Fahrer, der sowohl einen dunkelblauen Targa als auch ein mittelblaues Cabrio fuhr, in denen er sich gerne fotografieren ließ. Man musste kein besonders politisch korrekter Zeitgenosse sein, um spätestens bei diesen Bildern das Gefühl zu haben, dass mit diesem Elfer etwas schieflaufe.
Der 996er hatte ein besseres Fahrwerk und eine steifere Karosserie, aber all das sah man nicht. Einige Elfer-Fans verabschiedeten sich von ihrem Lieblingssportwagen. Der Stuttgarter Architekt und Ingenieur Werner Sobek zum Beispiel. Als Fünfjähriger in der schwäbischen Provinz fuhr ihm der erste Porsche entgegen. Das war 1958. Danach war es um ihn geschehen. Mit 38 Jahren, 1991, kaufte er – vernünftig, wie er war – seinen ersten Elfer. Als er das erste Mal den Motor startete, fand er dafür nur ein Wort: »Klasse.« Sein 993er sollte der letzte Elfer werden, den er gefahren hat. Er hatte ihn sehr lange, bis ihn ein Freund gecrasht hat. Im Elfer erkannte Sobek bis dahin nicht nur Ulmer Schule und Bauhaus, sondern auch den Werkbund, dem es um die perfekte Integration von handwerklicher oder industrieller Produktionsweise, technischer Funktion und Gestaltung ging. Der Kauf eines 996ers kam für ihn nicht in Frage. »Die Sparversion mit den Spiegeleier-Lichtern war gestalterisch das absolute No-go«, erregt sich der nüchterne

Gestalter rückblickend. »So was kann man nicht machen.« Mit »so was« meinte Sobek nicht nur die äußere Hülle, sondern auch die fünf Rundelemente im Tacho, die auf einmal überlagert und gegenseitig verschnitten waren. »Das sind designerische Spielereien, die keinen Anspruch haben dürfen, zeitlos gültig zu sein.« Die glücklichen Jahre mit Porsche waren vorbei. Zuerst fuhr Sobek einen Maserati 3200 GT, dann einen Aston Martin Vantage.

Der Elfer hatte sein Gesicht verloren und als ob dies nicht schlimm genug wäre, hatte er sich auch noch gemein gemacht. Die größte Schmach aber war, dass der Elfer dieses Gesicht teilen musste mit seinem günstigeren kleinen Bruder, dem Boxster, der ein Jahr vor dem 996er auf den Markt gekommen war. Für Elferfreunde war der Boxster ein »Frauenauto« und dass ausgerechnet dieser schmucke Roadster dem Ur-Porsche zum Verwechseln ähnlich sehen konnte, bedeutete eine narzisstische Kränkung für die Elfer-Gemeinde. Auch beim Armaturenbrett gab es eine Verwandtschaft. Auch hier gab es eine Häresie. Die einst ziemlich imposante Rundinstrumenten-Landschaft auf fünf großen Kreisen, in deren Mitte der wuchtige Drehzahlmesser war, wurde beim Boxster zusammengeschoben und so beim 996er nahezu identisch übernommen. Das neue Armaturendesign wirkte betont postmodern und ein wenig zerknautscht. Als hätte man eine Braun-Anlage in die Stahlpresse gesteckt, um sie auf die Größe eines Toasters zu reduzieren. Es war eine antiklassizistische Geste, die den revolutionären Charakter des 996ers in der Genealogie des Elfers im Innenraum, direkt vor den Augen des Fahrers, herausstreichen sollte.

Die Angst des Traditionalisten wurde bestätigt, dass Traditionslinien abreißen und das Neue den Platz des Bewährten einnimmt und der Faden aus der Vergangenheit verloren geht. Doch mit Traditionalisten alleine hätte Porsche nicht überleben können. Der Weichzeichner hat ihn weniger besonders gemacht und damit offen für neue Konsumentenschichten, die es gerne etwas weicher und kommoder haben. Ausgerechnet der »falsche« Elfer wird zum bis dato bestverkauften. Spöttisch bemerkte Lagaay Jahre später, wenn das »Spiegelei« 320.000 Mal bestellt wurde, könne die Kantine nicht so schlecht gewesen sein. Um zu dieser sagenhaften Summe zu kommen, hatte Lagaay die »Spiegeleier« vom 996er und Boxster addiert. Aber es stimmte schon. Der 996er war der bis dahin erfolgreichste Elfer aller Zeiten, wenn man nur die Verkaufszahlen betrachtet. Wurden vom Ur-Elfer in zehn Jahren genau 80.100 Exemplare verkauft, konnte Porsche vom 996er in acht Jahren über 175.000 Stück verkaufen.

Der große Bruch III: der globalisierte Elfer

Der Porsche 996 war das Auto, das zur vollen Gänze unter der Regentschaft von Wendelin Wiedeking entwickelt und produziert wurde. Er holte Experten aus Japan, die die Produktionsprozesse schneller, einfacher und effizienter machen und gleichzeitig das Innovationspotential der Mitarbeiter nutzen sollten. Nachdem Wiedeking das Fließband bei Porsche eingeführt und damit die industrielle Moderne in Zuffenhausen etabliert hatte, reduzierten sich die Montagezeiten für einen Porsche Carrera von 120 auf 76 Stunden. Dabei ging Wiedeking hemdsärmelig zur Sache. Er drohte lautstark mit Entlassung, schrie Mitarbeiter und Managerkollegen an und wurde dabei – so berichten einige Quellen – auch rüde im Ton. Stefan Aust beschreibt in seinem Buch, wie Wiedeking mit der Flex durch die Werkhallen lief und nutzlos herumstehende Eisenregale mit der Flex eigenhändig zersägte. Wiedeking selbst schreibt, dass er von dem japanischen Kaizen-Meister Chihiro Nakao genötigt wurde, vor den Augen seiner Mitarbeiter alle Regale auf die Höhe von 1,30 Meter herunterzusägen, um die Verschwendung des Platzes zur Lagerung von Material zu beenden. Durch die schlanke Produktion sollten Vorratslager überflüssig gemacht werden. Wiedeking und seine japanischen Berater als – so Wiedeking – »Hohepriester der ungeschminkten Wahrheit« drohten an, wiederzukommen und ähnlich rabiat einzuschreiten, falls wieder Kisten den Weg versperren würden.

Als der Porsche 996 ein Jahr nach der Premiere des Boxsters anlief, war die schlanke Produktion bei den Porsche-Mitarbeitern in Fleisch und Blut übergegangen. Fast jeder konnte und wollte sehen, dass die Qualität wuchs, die Arbeit sinnvoller organisiert war und die Verschwendung von Geld und Arbeitszeit vorüber war. Doch dieses japanische Geschenk an Unduldsamkeit gegen jede Form von Ineffizienz hatte auch das Produkt infiziert. Der Porsche 996 wurde der Elfer in Zeiten der Globalisierung. Seine in einigen Aspekten nicht nur unterstellte Charakterarmut war auch das Resultat einer ökonomisierten Betrachtung der identitätsstiftenden Details. Dabei überschritt Wiedeking bei der Modernisierung eine unsichtbare Linie. Dass Elfer und Boxster von vorne zum Verwechseln ähnlich aussahen, war weniger ein Versehen als ein Statement. Die Globalisierung als Einebner von Identitäten hatte die Sportwagenmanufaktur in Stuttgart überrollt. Es ist sicher kein Zufall, dass in dieser Zeit Attac in Frankreich gegründet wurde. Dem Westen wurde klar, mit welcher Wucht die globalisierte Wirtschaft nach dem Ende des Kalten Krieges auf Liebgewonnenes und Vertrautes prallen würde. Die Deformationen waren gewöhnungsbedürftig. Auch wenn der normale

Elfer-Fahrer nur in Ausnahmefällen kapitalismuskritisch argumentieren wollte, ahnte er, dass der verschärfte Wettbewerb ein so exotisches Gewächs wie den Porsche 911 und dessen hohe Entwicklungskosten nur überleben lässt, wenn der Markt, auf dem er verkauft werden könnte, wächst. Anfänglich war die Werbung für den Elfer im Fabrikhof von Zuffenhausen fotografiert worden, mit Sekretärinnen als Fotomodellen, später wurden die Vertriebszentrale in Ludwigsburg, die Teststrecke in Weissach oder auch das Entwicklungszentrum dort als Kulisse genutzt. Der Genius Loci wurde stolz und kostenbewusst genutzt. Damit war es schon mit dem 964er ein wenig vorbei. Die Werbung für den 996er nutzte jene idealischen Bühnen, endlose Landstraßen in Wüsten (gerade) oder an verwinkelten Küsten (kurvig). Der Elfer war nicht länger vor allem Schwabe, er sollte ganz Weltenbürger werden. Er sollte alles können, außer Schwäbisch. So wurde der 996er zu dem am wenigsten schwäbischen Elfer. Laagays Nachfolger, Michael Mauer, hat in Pforzheim studiert und obwohl er aus Hessen kommt, legte sich bei der Vorstellung des 991ers 2011 über sein Hochdeutsch eine schwäbische Lasur.

Die Zielgruppen mussten erweitert werden. Der Marketingchef von Porsche, Gerd Mäuser, gestand damals, dass die Käufer des 996ers wohl etwas älter und zehn Prozent mehr Frauen dabei sein würden. Der 996er, besonders in der Variante mit der Tiptronic, ließ sich bequem von jedermann und jeder Frau voraussetzungslos bewegen. Mit dem 300-PS-Motor kam man zügig durch die Gegend, aber der 996er schien am ehesten in seinem Element, wenn er im fünften Gang mit Tempo 60 durch die Stadt cruiste. Er war ein kalifornischer Elfer, ein Statement, das zeigte, wie bequem man es sich mit dem Konzept 911 machen konnte.

In Hollywood wird dieser Elfer zu einem Statussymbol für Menschen, die in der Entfremdung ihres glorreichen Berufslebens zu ersticken drohen. In dem Film »The Kid« spielt Bruce Willis einen slicken Imageberater, der seine Vergangenheit als fettes, trampeliges Kind vergessen hat. Er selbst fährt als Zeichen seines Erfolgs wie als automobiles Double seiner etwas gestanzten Weltläufigkeit einen Porsche 996 Carrera Cabrio mit den ganz spiegeleirigen Spiegeleier-Augen, die schon wenig später zumindest ansatzweise konturiert wurden. Dieses Verhältnis zwischen dem erfolgreich Entwurzelten und dem besonders Eigenwilligen vermittelt viel von dem Bruch, den dieser Elfer dargestellt hat. Er hat seine Ecken, Kanten und das eigene Stammbuch zur Disposition gestellt. In dem Film fährt das mythische Alter Ego in der Vergangenheit ein 356er Cabrio. Dieser ältere Herr, ebenfalls von Willis gespielt, ist der pure Charakter, die Essenz von Eigenwilligkeit und Unangepasstheit, während der Fahrer des 996ers erst im Laufe des Spielfilmplots zu sich selbst finden kann. Er verliebt sich in seine Mitarbeiterin, die ebenfalls ein schwäbisches Auto fährt. Weil sie voller Seele, Anstand und Charme steckt, ist es ein Mercedes 300 SE Cabrio aus den späten 60er Jahren. Wäre dieser Film so erfolgreich geworden, dass er eine Fortsetzung hergegeben hätte, Willis wäre im nächsten Film entweder einen alten Porsche oder den wieder an die Wurzeln zurückgekehrten Elfer der Baureihe 997 gefahren.

Die Folge der Häresie: noch mehr Tradition

Wie in der katholischen Kirche auch hatte die Häresie bei der Gemeinde der Elfer-Traditionalisten den Ruch einer Sünde, die mit gestaffelten Strafformen einherging. Die Puristen exkommunizierten die 996er-Fahrer aus der Glaubensgemeinschaft, sie waren auf einigen Elfer-Treffen nicht gerne gesehen. Die Wiederaufnahme in die Glaubensgemeinschaft fand nur statt, wenn der Ketzerei abgeschworen und wieder ein klassisch luftgekühlter Elfer mit vertrauter Visage gekauft wurde.
Bemerkenswert war, wie schnell Porsche selbst auf die Unruhe in der Porsche-Gemeinde reagiert hat, um ein Schisma zu verhindern. Schon 2002 wurde die Frontpartie überarbeitet und war fortan auf den ersten Blick von einem Boxster zu unterscheiden. Mit der Einführung des 997ers im Jahre 2006 wurde das klassische Elfer-Gesicht rekonstruiert und zudem die Hüften des Fahrzeugs wieder sichtbar und

greifbar. Das nach Orthodoxie strebende Elfertum mag in seiner ritualisierten und dogmatischen Form Lebensinhalt und -aufgabe einiger tausend über den Globus verstreuter Liebhaber sein, ihr radikaler, nach Reinheit drängender Kern jedoch wird auch von den Hunderttausenden profanen Elfer-Besitzern heimlich geteilt und von der Firma Porsche selbst mehr oder minder offen unterstützt. Der Porsche war ein Massenprodukt geworden und sah auch so aus. Das war gefährlich – und rückblickend kann man sagen, dass kein Porsche sich so weit aus dem Korridor der reinen Lehre des Elfertums entfernt hatte wie der 996er. Er bleibt ein Fremdkörper in der Geschichte dieses Sportwagens und ein Wendepunkt. Schon mit dem ersten Remix des 996ers an den Vorderlichtern wurde die Sünde und das Vergehen an der reinen Lehre für alle Gläubigen gebüßt. Porsche gelobte Besserung.

So gesehen hatte der 996er den Identitätskern des Elfers dialektisch gestärkt. Spätestens mit dem Spiegeleier-Aufstand der Porsche-Freunde wurde deutlich, dass dieser Sportwagen, egal was die Produktionszahlen aussagen, den heiligen Kern der Marke verkörpert. Jedes andere Modell profitiert parasitär von der metaphysischen Kraft jenes Produktes, das sich selbst ein ewiges Leben verschafft zu haben scheint. So wie auch der in der Kulturindustrie aufgedunsene und in Maximalentfremdung abseits authentischer Lebensbezüge existierende Superstar seine treuesten Fanclubs und hysterischsten Fans als seine eigenen Gralshüter pflegt, tut dies auch Porsche mit Veranstaltungen, einem anspruchsvollen Classic-Programm und seit 2009 mit einem modernen Museum, das der historischen Besonderheit dieses Unternehmens in besonderer Weise Rechnung trägt.

Glück in der Entfremdung

Auch wenn der Porsche 911 mit dem 996er und dessen massenhafter Verbreitung jede Exotik eingebüßt hat, wenn sein Gesicht selbst in kleineren Städten eine stolze Alltäglichkeit besitzt und die Freude über den Anblick eines Elfers auf ein bescheidenes Maß zurückgegangen ist, so beginnt auch beim tausendsten Start an einem sonnigen, verregneten oder nebligen Morgen mit dem Umdrehen des Zündschlüssels links vom Lenkrad ein Tag gut, egal, was danach kommen mag – vorausgesetzt, der Elfer bleibt auch beim vom Wohlstand und Konsumismus verwöhnten Piloten ein Lustobjekt. In der Konsequenz müsste ein Porsche verkauft werden, sobald die Erregung ausbleibt. Weniger dramatisch wäre es, den Wagen dann zur Rückverleidenschaftlichung in die Garage zu stellen, bis sich die Sehnsucht nach ihm wieder einstellt.

Der morgendliche Berufsverkehr scheidet im anspruchsvollen Segment den stolzen Besitzer glattpolierter Dienstwagen, die neben dem automobilen Luxus auch den eigenen Rang in der Hierarchie verraten. Die Außerordentlichen sitzen Zeitung lesend oder die ersten Telefonate führend im Fond einer Limousine und lassen sich mühelos an die Pforten ihrer Wirkungsstätten rollen. Dazwischen fahren die Autoliebhaber: Männer in seltenen Oldtimern, Frauen in lauten italienischen Cabrios und irgendwo dazwischen der Porsche-911-Fahrer, der weder sonderlich originell noch besonders connaisseurhaft daherkommen will – in der Regel. Die Fahrer der Ur-Elfer und der hocheleganten G-Modelle vielleicht doch ein wenig.

Wer im Elfer ins Büro rollt, will seine Lebenstechnik verfeinern. Sollte jeder Moment kostbar sein, geht es darum, keine Zeit zu verlieren am Morgen, um in Ruhe mit der Familie zu frühstücken. Nicht nur in komfortablen Dienstwagen der oberen Mittelklasse oder Oberklasse fühlt sich der Angestellte oder geschäftsführende Gesellschafter in seiner Berufswelt schon mit dem Verlassen des eigenen Heims angekommen. Die Ergonomie der Sessel, die Funktionalität der Armaturen, die Schnittstellen zu Telefonanlage und Informationstechnologien sind ein Vorspiel auf das Funktionieren inmitten einer Verwertungskette. Die Farben der Limousinen und Kombis fügen sich zu den dunklen Anzügen und Krawatten, den frisch gebügelten Kostümen. Statt des Ich hält das Es den Lenker. Es ist die Zivilisiertheit des gesitteten Treibens der Wirtschaft, die schon auf dem Weg ins Büro sich einstimmt. Eine Porsche-Reklame machte sich in den 90er Jahren über Chefs lustig, die in der adipösen S-Klasse zum Entscheiden rollen. Wir verstehen nicht, wie man sich morgens mit zwei Tonnen Übergewicht ins Büro schieben kann. Die unter Druck Stehenden beginnen ihren Überlebenskampf schon

an der ersten Ampel hinter der eigenen Wohnung und wüten ihre Aggression gegen den Rest der Welt auf jedem Stückchen Teer, das zur Beschleunigung taugt.
Im Porsche geht beides: Wüten wie Gleiten. Aber eigentlich gilt, was Porsche seinen Angestellten als Gebot in ihre Dienstwagen klebt, in Rot. »Sie fahren ein Werksfahrzeug und repräsentieren damit die Dr. Ing. h. c. F. Porsche AG. Fahren Sie bitte entsprechend defensiv.« Seit Heinrich Böll und Volker Schlöndorff den Unhold im Porsche 911 vermuteten, gilt der dem Porsche-Fahrer grundgelegte Stilanspruch verschärft für den Alltag im Straßenverkehr. Die Scheide zwischen Elfer fahrenden Porschianern und persönlichkeitsakzentuierten Aufschneidern liegt oft genug in der Ruchlosigkeit, mit der Letztere die Möglichkeiten ihres Sportwagens nutzen, um Angst und Schrecken unter die Mitmenschen zu bringen. Selbstverständlich können Schleicher, Zögerer, Bremser und Blockierer auch kultivierte Porschianer zum Rasen bringen. Doch der Idiotenvorwurf greift schneller im Elfer. Wer im Elfer tobt, bestätigt latent gepflegte Vorurteile über Porsche-Fahrer, denen oft genug unterstellt wird, den Sportwagen zur Kompensation zu kurz geratener Charakter- oder Körpergröße zu benutzen. Der Sportwagen ist ein Fahrzeug, das Strecken zwischen A und B schnell zurücklegen kann. Damit kommuniziert der Elfer-Besitzer auch, dass ihm jede Sekunde seines Lebens kostbar ist und dass er so viel vom Leben genießen will, wie es geht. Die Fahrt ins Büro wäre einfach zu schade, um sie ausschließlich in einem hochmodernen, klimatisierten und geräumigen Auto zu verbringen. Im idealen Fall geht es um den Versuch, möglichst jeden Tag, auch im Berufsalltag, Freude am Leben zu finden. In den USA heißt es: »With a 911 you don't let the traffic fuck you – you fuck the traffic.«

Sascha Keilwerth, der Porsche-Schrauber, -Rennfahrer und -Liebhaber hat es ins Deutsche übersetzt und zivilisiert: »Du hast mit dem Elfer das Auto, mit dem du den Verkehr fährst und nicht dich der Verkehr.« Am Ende hat ein Elferist wie Keilwerth jeden Morgen bei der Ankunft im Büro »das Gefühl, bei der Siegerehrung einer Alltagsrallye auf dem Treppchen ganz oben zu stehen«. Für den FDP-Politiker Christian Lindner, der sich als einer der wenigen Spitzenpolitiker dazu bekennt, Porsche zu fahren, ist der »Elfer nichts für den Alltag, aber für jeden Tag«. Der Sportwagen reife wie Wein mit dem Alter. »Macken und Unpraktisches«, so Lindner, »sehen wir ihm als Ausdruck von Charakter nach.« Die Fahrer tun das auch, weil es auf den eigenen Charakter zurückfallen könnte oder soll.

Das Ich bleibt bei sich. Es sehnt sich nicht woandershin. Es ist genau da, wo es sein möchte. Natürlich gibt es wohl Tausende, wenn nicht sogar Hunderttausende Fahrer eines Porsche 911, die davon nichts spüren, weil dieses Auto so wie eine Rolex, die blonde Freundin (oder der blonde Ehemann) und der Skiurlaub vor allem Status und Selbstsicherheit bunkern soll. Wie alle Identitätsstifter eignet sich ein Porsche 911 zur Fassadenpflege und Selbsterhöhung auf der Bühne des sozialen Lebens. So wird aus dem Elfer auch ein Unterdrückungsgerät: Es gehört Opfern eines Anerkennungswettbewerbs, der dem Erreichen von Zielen nur mehr gehetzte Minimalerlösung verschafft. Deshalb gelten für den Porsche 911 wie für seinen Fahrer die Regeln der Microfashion: Jedes Detail zählt. Wo ist der Bruch, wo quält die Bruchlosigkeit und addiert Rolex zu Porsche zu dunkelblauem Anzug (beziehungsweise Kostüm) zu lautem Telefonieren an der Ampel? Und was hat der Sansibar-Aufkleber auf dem Heck des frisch gewaschenen Carrera verloren? Ist aus dem Auto von Rebellion, Einzelgängertum und Unangepasstheit die Blechuniform für neureiche Konvention geworden?

In dem Pixar-Animationsfilm »Cars« ist Sally Carrera ein subtil gebrochener Charakter. Die hübsche Frau wird von einem Baujahr 2002 996 Carrera verkörpert und hat einst in Los Angeles jenes oberflächlich attraktive und schnelle Leben der dortigen Erfolgsmenschen geführt, ohne auch nur einen Moment glücklich zu sein. Deshalb verließ sie den Sonnenstaat Kalifornien und begab sich auf der Route 66 auf eine Reise zu sich selbst. Wegen einer Panne bleibt sie in Radiator Springs liegen und entdeckt den spröden Charme des kleinen Orts. Sie entschließt sich, zu bleiben und dort ein Motel aufzumachen. Sally Carrera ist ein Echo jenes Barbie-Porsche, der, in Weiß und Rosa ausgeliefert, kleinen Mädchen beim Spielen den Weg in die Konventionalität von Rollenvorstellungen und Schönheitsidealen weisen sollte. Der Barbie-Porsche war ein 964er Cabrio, das auf eBay auch gepimpt und mit matter Silberlackierung verkauft wird. Dass Hank Moody exakt jenes Modell nutzt, um es gegen die Biederkeit des WASP-Weltbildes zu wenden, beendet die popkulturelle Engführung als Spießerdekoration, die das Barbie-Spielzeug mit Postern und Werbefilmen propagierte. Sally Carrera träumte einst diesen Barbie-Traum und erfuhr dessen emotionale Limitierung. Das Happyend in »Cars« gerät doppelt romantisch. Der Held Lightning McQueen verliebt sich in Sally und entscheidet sich für die attraktivste Erscheinung in Radiator Springs. Dass Sally auf ihrem Heck direkt unter dem Spoiler ein Tattoo hat, verrät, dass es sich eher um eine junge Frau handelt. Ihr im Umgangsdeutschen »Arschgeweih« genanntes Tattoo, im Englischen »tramp stamp«, verdeutlicht aber auch, dass Sally in der Provinz gut aufgehoben ist. Ihre Urbanität ist angelernt. Dieses Tattoo kann auch als Stempel ihrer Entfremdung gelesen werden. In Radiator Springs entdeckt sie sich selbst wieder und verhilft mit ihrer ungewöhnlichen Qualifikation, ihrem Charme und ihrer Intelligenz dem kleinen Ort zurück auf die Erfolgsspur. Sally Carrera beendet ihre Selbstentfremdung, versöhnt inneren Anspruch und Wirklichkeit.

Die Tugend der Ungeduld

Wenn Sally Carrera einen Rennfahrer ehelicht, verbünden sich zwei Unruhefaktoren. Das passt zum einen gut in die Zeit, in der der globalisierte Kapitalismus die Arbeit verdichtet und den Stress alltäglich werden lässt. Andererseits befinden sich die Tempo-Liebhaber kulturell in der Defensive. 1986 gründet sich im Land der Alfas, Ferraris und Maseratis die Slowfood-Bewegung, 1999 wird im Mutterland der Futuristen die Cittàslow-Bewegung ins Leben gerufen. Entschleunigung wird als hedonistisches Projekt in die tobenden Alltagswelten implantiert. Der Genuss benötigt Zeit. Dazu passt auch die kulturelle Valorisierung von Old- und Youngtimern, bei denen der Fahrgenuss und nicht die Geschwindigkeit im Vordergrund steht. Dennoch bleiben Sportwagen, auch die alten, Symbole und Agenden der Beschleunigung und der Ungeduld. Sie sind Mahnmale gegen die Verschwendung von Zeit und Raum.

In einer alternden Gesellschaft, die auch aus Gründen des Wohlstands die Segnungen der Entschleunigung zu genießen weiß, erfüllt der Ungeduldige eine wichtige Funktion. Er kündigt den Pakt der Beruhigung und die Wohltemperiertheit der menschlichen Dynamik mit einer Unbeherrschtheit jeder Form der Zeitverschwendung gegenüber. Er ist intolerant gegenüber den von Yoga und Coelho-Lektüren weichgespülten Ausgeglichenen, die nicht zuletzt im Straßenverkehr ihre Dissidenz gegen die Hektik der Zeitläufe ausleben wollen. In Kombination mit einem schlechten Benehmen fällt dem Ungeduldigen im Straßenverkehr eine Funktion der Störung, der Behinderung des Harmonischen und auch der Obstruktion des Behaglichen zu.
Auch wenn der Porsche aufgrund seiner natürlich anmutenden, biomorphen Autorität wenig überakzentuierte Aggression aufbieten muss, gehört ein zügig bewegter Elfer zum Unruhekapital des Verkehrs. Er ist konstruiert, um Unruhe zu verbreiten und seinen Fahrer dabei möglichst in Ruhe zu lassen. Er hat etwas Beunruhigendes. Die Dringlichkeit liegt nicht in irgendeinem Termin außerhalb des Fahrzeuges und seines Fahrers, sondern sie ist eine existentielle Rastlosigkeit, die Zeitverschwendung physisch nicht ertragen kann. Zügiges Autofahren will die Gesellschaft verändern. Es ist stets auch ein Appell, der umso wirkungsvoller und ansteckender wirkt, je eleganter und taktvoller das Überholen, Bremsen und Beschleunigen geschieht. Die Hatz darf kein manischer Zustand sein, sondern soll stets an der Effizienz der Mobilität gemessen werden. Wo es geht, Fußgängern, Radfahrern oder unsicheren Autofahrern das Überqueren der Straße oder das Einbiegen zu ermöglichen, sollte selbstverständlich sein. Zum Ethos des Schnellfahrens gehört auch, dass die anderen Verkehrsteilnehmer in ihrem Fortbe-

wegungsdrang nie behindert werden. Die Rücksicht auf andere ist eine Wertschätzung deren dynamischer Ansprüche an die Mitwelt.
Das Rittertum der Überholspur stirbt aus. Tempi jenseits der 200 Kilometer pro Stunde werden nur mehr von einer verschwindend kleinen Schar von Automobilisten als Reisegeschwindigkeit genutzt. Und dies, obwohl mittlerweile auch Kleinwagen und Familienvans Spitzengeschwindigkeiten jenseits der in den 70er Jahren noch geltenden »Schallmauer« erlauben. Noch in den 90er Jahren des 20. Jahrhunderts drängelten sich 5er BMW, Golf GTI mit 16 Ventilen und die großhubigen E-Klassen auf der Überholspur und reizten aus, was die Ingenieure in diesen zunehmend sportlichen Alltagsautos zuließen. Doch der Zeitgeist veränderte sich schnell. Die steigenden Energiekosten waren dabei weniger entscheidend als das Gefühl, dass derlei entschiedenes Rasen ähnlich aus der Zeit gefallen war wie wenig später das Rauchen. Hinzu kam der immer dichtere Verkehr auf den Autobahnen, der insbesondere durch die Lkws aus und in Richtung Osteuropa den gesamten Verkehr entschleunigte und verstopfte.

In der Zeit, als die ersten Elfer die Autobahnen und Innenstädte schmückten, bittet Richard von Frankenberg, dass Porsche-Fahrer ein Vorbild sein sollten für die anderen Kraftfahrer. »Ich meine nicht nur ein Vorbild im (manuellen) Gutfahrenkönnen und Richtigschätzenkönnen, sondern auch in puncto Hilfsbereitschaft, Höflichkeit, Handzeichengeben und so.« Die Begründung allerdings hat etwas unverhohlen Überhebliches. »Denn zehn Sekunden, die wir irgendwo verlieren, können wir dank unserer starken Maschine eher wieder aufholen als andere.« Dann wird die Differenz noch stärker betont, bevor das Schnellfahren zu einer Art besseren Norm verklärt wird. »Gerade wir, die wir einen sportlichen Wagen fahren, sollten den braven, hausbackenen Bürgern zeigen, dass die Schnelligkeit eines Wagens stets gepaart ist mit der Höflichkeit seines Besitzers.« Die Hausbackenen, so leitartikelt Herr von Frankenberg, glauben, dass schnelles Fahren Unruhe in den Verkehr bringe, dabei ist es genau andersrum. »Wo doch die Unruhe im Verkehr in den meisten Fällen dadurch entsteht, dass einer schleicht statt fährt, Kolonnen hinter sich ansammelt und Entschlussfindung treibt: Soll ich, soll ich nicht, rechts oder links, am besten in der Mitte …« Der Sportwagenfahrer, so schlussfolgert er, fährt aufmerksamer und zuvorkommender als der Fahrer »des ›08/15‹-Autos«. In einem pathetischen Essay über den Motorsport wird von Frankenberg deutlicher. Sportwagenfahrer sind so erregt von ihrem Fahrzeug, dass ihr Adrenalin die Aufmerksamkeit intensiviert. Viele Unfälle können nicht, wie im Polizeibericht steht, mit überhöhter Geschwindigkeit oder dem zu schnellen Befahren einer Kurve erklärt werden, sondern wurden verursacht durch die in den Sekunden vor dem Unfall mangelnde Konzentration und Aufmerksamkeit: »die zu geringe Hinwendung zum Fahren als dem einzig interessanten Vorgang, wenn man einmal seinen Wagen bestiegen hat …« So treffend der Grundgedanke von Frankenbergs auch sein mag, so provokant wirkt er für die egalitäre Logik des politisch korrekten Miteinanders im Straßenverkehr. Die Romantisierung des Sportwagenfahrens muss für rationale Verkehrskonzepte wie ein groteskes Erbe des todessehnsüchtigen Futurismus anmuten. Dennoch bleibt dieser (verkehrs) weltanschauliche Glutkern des Schnellfahrens auch bei zeitgenössischen Porsche-Fahrern aktuell, ohne die herablassende Note, die als nicht mehr zeitgemäß wahrgenommen wird.

Für Walter Röhrl, der seit Jahrzehnten für Porsche Autos testet und mitentwickelt, ist diese etwas hochnäsige Einteilung der Welt in Sportwagenfahrer und Anfänger keine Option. Er sieht sportliche Fahrer im Alltag zu besonderer Verantwortung berufen. »Du solltest am besten«, so duzt die Rallyelegende ihre Sportwagenfreunde in einem Standardwerk, »auch noch in den zwei Autos vor Dir und in dem hinter Dir im Geiste mitfahren.« Sportlich nicht im Sinne von »schnell«, sondern im Sinne von »fair«. »Sportlich fahren heißt, bewusst zu fahren, aufmerksam, konzentriert, vorausschauend, aktiv«, empfiehlt Röhrl. Das Auto könne als Sportgerät erlebt werden, aber bloß nicht als Waffe, »die unseren Komplexen gefährliche Macht über uns und andere verleiht«. Udo Lindenberg, ein manischer Elfer-Fahrer, hat seine Sportwagenethik klar umrissen. In der Stadt schleicht er, sehr zum Ärger der nach ihm Fahrenden, weil er »keinem dieser Kätzchen und Igel wehtun, kein Härchen krümmen« will. Auf der Autobahn heizt er, was das Zeug hält: »Da wird gebrettert wie bei ›Enterprise‹ – Scotty, beam me up, und so! Zusammen mit Dr. Valium Tempo 300 mit meiner irdischen Raumkapsel zum Gucken an den Timmendorfer Strand.« In Udos Universum gebe es nur schnell oder langsam, dazwischen sei nichts.
Der Sportwagenfahrer wird von Motorsportlern als zum Teil enger Verwandter des Rennfahrers verstanden. Daraus leiten sie eine besondere Ethik der Verantwortung ab und eine Vorgabe, was den Stil beim Fahren betrifft. In den Porsche-Clubs wurde diese Prägung ebenso verstärkt wie durch

das Selbstverständnis der Marke, die Sportlichkeit nie mit Aggressivität gleichsetzen wollte. Dies führte dazu, dass die Porsche-Sportwagen anders als die Autos mancher Premiumhersteller auch auf der Autobahn weniger gefürchtet als respektiert waren und sind. Im Idealfall umgab den Porsche auch auf der Überholspur eine natürliche Autorität, die sich hochmotorisierte Kombis und Mittelklasselimousinen erst mit Nötigungen und Lichthupereien vergleichsweise ruppig erstreiten mussten. Bis heute gibt es kaum ein Fahrzeug, dem auf der Autobahn so unaufgeregt Platz gemacht wird wie einem Porsche 911.

Der Rennsport prägte die Identität aller Porsches und jene der Elfer in besonderem Maße. Der Sportwagen konnte – in allen möglichen Variationen und Rennversionen – insgesamt über 20.000 Siege beim Motorsport verbuchen und gilt somit als der meistgebaute Rennwagen der Welt. So gesehen ist die Ungeduld des Porsche-Fahrers die säkulare Form der Rennfahrerreligion, stets als Erster ans Ziel kommen zu wollen. Ferry Porsches Entschluss, statt teurer Marketing- und Werbekampagnen auf den Motorsport als Imagefaktor zu setzen, veränderte nicht nur das Selbstbild der Mitarbeiter, sondern verschärfte den Wettbewerbsdruck auf das Produkt. Porsche musste nicht nur auf der Autobahn, sondern auch auf den Rennstrecken siegen können. Das Präfix »Sport« in Sportwagen dröhnt laut und fordernd. Deswegen hingen in Werkstätten ebenso wie in den Schlafzimmern der Fans jene ausführlichen und tabellarischen Triumphplakate, die auflisteten, auf welcher berühmten Rennstrecke und mit welcher Massierung die Elfer erfolgreich gewesen waren. Die Plakate waren der Kontoauszug des Rennsportruhms und eine Versicherung, dass das Wesen des Elfers, ein Sportgerät zu sein, egal wie kommod er in jenen Jahren wurde, nicht verloren gegangen war. Der Motorsport half bei der Marken- und Kundenpflege. Insbesondere in den USA waren die Mechaniker aus Zuffenhausen, die den exklusiven Kunden zur Verfügung standen, effizientere Verkäufer des Produktes, als es die üblichen Handelsreisenden hätten sein können. »Win on Sunday – sell on Monday« hieß das Motto des Sportwagenhandels. Jeder Sieg eines Porsche führte zu Dutzenden von potentiellen Kunden in Showrooms. Zudem verpflichtete der Motorsport zu weiterer Grundlagenforschung in Sachen Leistung und Haltbarkeit. Der Bergspyder 909 war ein Resultat solch maßloser Forschung am Rande der physischen Möglichkeiten. Dieser Sportwagen, mit dem Porsche 1968 Berg-Europameister wurde, versinnbildlichte die Essenz der Porsche-Lehre: Das Trockengewicht dieses Rennwagens lag bei 375 Kilo. Die Karosserie bestand aus Kunststoff und wurde über ein Aluminiumgitter gelegt. Der Lack war derart dünn aufgetragen, dass er beim Reinigen des Fahrzeugs abging. Die Bremsscheiben des Trainingsbesten waren aus Beryllium. Sie waren teurer als der Rest des Autos – wie sich das Mastermind des Bergspyder, Ferdinand Piëch, erinnert. Der Rennwagen war derart leicht, dass er auch erfahrenen Piloten im Grenzbereich als unberechenbar galt.

»Das kommt dabei raus, wenn man einen Elfer auskocht«, bemerkt Dieter Landenberger nicht ohne Bewunderung, wenn er Gäste zu diesem Museumsexponat führt. In der Tat vollendete dieser Rennwagen jenen Traum des federleichten Fahrzeugs, wie ihn Ferdinand Porsche, Sohn Ferry und besonders intensiv und rastlos der Enkel Ferdinand Piëch geträumt hatte. Um Porsche als Marke und Mythos zu verstehen, lohnt die Meditation vor und Versenkung in den

Bergspyder. Dieser Rennwagen ist fragil und kühn zugleich, kräftig und verletzlich, wüst und poetisch in einem. Er ist ein extremes Gefährt, rücksichtslos dem Ideal der Schwerelosigkeit verpflichtet. In ihm findet sich kein Gramm Stahl. Er beendet die Gegenwart des damals weitgehend tumben Automobilbaus und blickt weit in die Zukunft mit Materialien wie Titan, Magnesium, Beryllium. Aufgrund seines Gewichts kann der 275 PS starke Achtzylinder das Fahrzeug in 2,4 Sekunden von null auf hundert Kilometer pro Stunde beschleunigen. Bis heute ein Fabelwert.

Als der Ur-Elfer 1965 bei der Rallye Monte Carlo mitfuhr, geschah das eigentlich nur, um zu testen, wie sich der Sportwagen unter extremen Bedingungen bewährte. Die Piloten Herbert Linge und Peter Falk sollten das seriennahe Coupé möglichst heil nach Monaco bringen, um ein paar werbeträchtige Fotos vor dem dortigen Fürstenpalast zu provozieren. Während der Rallye wuchs der sportliche Ehrgeiz der beiden derart, dass für das Fotoshooting am Ende ein fünfter Platz im Gesamtklassement heraussprang und – so heißt es – ein Tobsuchtsanfall von Ferry Porsche, der sich ärgerte, dass man seinem demütigen Auftrag, den Sportwagen unbeschadet und vorsichtig bewegt ans Ziel zu bringen, für den nagelneuen Elfer ignoriert hatte. Der Heckantrieb war für den Rallyesport (vor dem Quattro-Zeitalter) ideal, weil die Kraft des Boxers durch das Gewicht des Motors hinten gut auf die Straße kam. 1968, 1969 und 1970 gewann jeweils ein seriennaher Elfer die Rallye Monte Carlo. 1978 gelang dies nochmal mit einem 911 Carrera.

Porsche-Kunden nutzten ihre Fahrzeuge von Anfang an konsequent und mitunter waghalsig für den Motorsport. Der Clubsport ist bis heute ein wichtiges Betätigungsfeld für die Porsche AG und ein Ort, wo sich die Porsche-Familie und -Gemeinde trifft. Früher fuhren Porsche-Kunden ihren Sportwagen zur Rennstrecke, klebten ein paar Rennsticker auf, fuhren ein Rennen und mit einem Pokal auf der Straße wieder nach Hause. James Dean war so ein Amateursportler. Im 21. Jahrhundert ist dies im Rennsport fast ausgestorben. 2009 aber fuhr ein Rennteam seinen straßenzugelassenen Serien-GT3 RS auf der Autobahn zum 24-Stunden-Rennen auf dem Nürburgring, erkämpfte sich den 13. Platz im Gesamtklassement und cruiste anschließend den Wagen auf der Autobahn zurück. Außer einem Austausch der Bremsen vorne mussten die Mechaniker nur tanken, Reifen wechseln und die Scheiben saubermachen. Es demonstrierte, dass sogar ein Serienfahrzeug aus Zuffenhausen mit den schnellsten Rennsportwagen ihrer Zeit in einem harten Langstreckenrennen mithalten konnte.

Im Sportwagen sind im besten Fall zwei Konzepte miteinander versöhnt: das des Rennwagens, mit dem man im Motorsport siegen kann, und das des Straßenfahrzeugs, mit dem man seinen Alltag beschleunigt. Mitunter neigt der Sportwagen mehr zur einen oder zur anderen Seite. Beim Elfer kann der Käufer vom kommoden Standard-Carrera bis zu den wirklich giftigen GT2 RS wählen, auf welche der Identitätssäulen er mehr Wert legt. Für die Ingenieure heißt dies, stets beides zu bedenken, etwas, das bei Porsche, wie die Geschichte der Firma hinlänglich bewiesen hat, von Anfang an trainiert wurde.

So überrascht es kaum, dass der Porsche 911 bei Rennfahrern (Jo Siffert, Niki Lauda, Mark Webber) ein beliebtes Privatauto war und ist. Steve McQueen entspannt in »Le Mans« bei der zivilen Nutzung seines Elfers, bevor er als Pilot eines Rennsportwagens von Porsche mit Todesverachtung schnelle Rundenzeit erkämpft. In dem bewegenden knapp zweistündigen Dokumentarfilm »Senna« über den vielleicht größten Formel-1-Fahrer aller Zeiten bekommt der Elfer am Ende einen kleinen Cameo-Auftritt. Wie in Zeitlupe rollt Senna, der stets seine Formel-1-Boliden am Rande der physikalischen Gesetze bewegte, in einem silbernen G-Modell Carrera Cabrio auf eine Hauptstraße. Einem der waghalsigsten Rennfahrer der Formel-1-Geschichte dient der Elfer als Spa. Es war für den Millionärssohn wohl auch ein selbstverständliches Auto, das zu seinem strandnahen, Jetski fahrenden, frauenbetörenden Privatleben gut passte. Der Film endet mit diesen unscharfen Privataufnahmen in einem Elfer. Selten hat man Senna auf oder in einem Fahrzeug langsamer fahren sehen. Er schleicht und strahlt dabei. Der Porsche ist das Gehäuse seiner Leidenschaft, ohne allzu ausgeprägten Todestrieb.

Aber vielleicht versteht der maßvoll beschleunigende Elfer-Fahrer sein Fahrzeug am besten. Jerry Seinfeld hat ein kühles Verhältnis zur Raserei. Obwohl er 2003 bei der Vorstellung des Carrera GT auf irgendeinem ehemaligen russischen Militärflughafen 200 »miles per hour,« also etwa 320 Kilometer pro Stunde, gefahren sein soll und auch auf deutschen Autobahnen schnell unterwegs war, definiert Seinfeld das Glück des Sportwagenfahrens nicht über Geschwindigkeit: »Zu den Top-Ten-Kicks, die mir ein Porsche bereitet, gehört die Spitzengeschwindigkeit gar nicht dazu. Wichtiger sind das Fahrverhalten und das Design. Mittlerweile kann fast jedes Auto schnell fahren. Entscheidend ist nicht, wie schnell es fährt, sondern wie es schnell fährt.«

2004
2013

Der 997er

Neoklassizismus

Mit dem 997er begann die neoklassizistische Phase des Elfertums. Der 997er, der wie ein rekonturierter, gefacelifteter 996er aussah, beruhigte die Traditionalisten. Mehr noch, der 997er wirkte wie ein auf Waschbrettbauch heruntertrainierter 996er, der wieder die Athletik und die muskulöse Sinnlichkeit des Ur-Elfers sichtbar werden ließ. Die Gemeinde war schnell versöhnt. Porsche hatte verstanden, dass die Weiterentwicklung des Elfers behutsamer geschehen müsse, um

die Treue der Gusseisernen nicht zu vergiften. Schneller als jeder andere Elfer wurde der 997er zum potentiellen Klassiker hochgejubelt.
Schon kurz nachdem die Produktion des 997ers gestoppt worden war, begann in der Fangemeinde eine lebhafte Diskussion über den Klassik-Appeal dieses Elfers. Doddie, Stammleser des PFF, eines führenden Internetforums für Porsche-Freunde, war sich sicher, der 997er sei auf dem Weg zu einem der beliebtesten Porsche-Klassiker. Der neue 991er sei ihm zu perfekt. Wer fahre hier eigentlich wen, fragte sich Doddie. Sein 997er von 2007 dagegen werde schon in ein paar Jahren – der Elfer-Fahrer denkt stets und immerdar historisch – der besten Baureihe der wassergekühlten 911-Modelle entstammen, als Porsche noch eigenständig war und noch nicht von VW geschluckt. Mit dem Einstieg von VW bei Porsche entwickelten die Fans eine Beteiligungshäresie zur Distinktion. Doddie zitiert in diesem bemerkenswerten Thread Mies van der Rohes Weisheit, dass weniger mehr sei, und fordert seine Leser auf, auf ihre 997er, insbesondere die erste Baureihe »preface-lift«, aufzupassen: »Genießt die Vorzüge eures Autos auf dem Weg zu einem echten Klassiker der Porsche-Geschichte.« Und weil selbst leidenschaftlichste Elfer-Freunde bei aller Schwärmerei sachlich bleiben wollen, listet er 14 Argumente auf, warum gerade der 997er das Zeug zum Klassiker habe. Die Argumente reichen von den kleinen, formschönen und schmalen Außenspiegeln über den freundlich grinsenden Gesichtsausdruck ohne blendende Tagfahrlichtstreifen bis hin zu glatten Rundscheinwerfern, die verglichen mit den aufgeblähten Insektenaugen des 991ers so viel ansehnlicher proportioniert waren.
Doddie bekam für seinen Beitrag viel Zustimmung und ein

wenig kulturpessimistische Melancholie von denen, welche die Produktionszahlen des 997ers kannten, die einem Klassikerstatus entgegenstehen. Ein 356er-Fahrer namens Helmut gönnt es den 997er-Fahrern zu glauben, dass ihr Wagen ein Klassiker sei, aber für ihn, den Puristen, endet mit dem 964er die Klassikerexistenz des Elfers, weil danach die Torpedorohre verschwinden. Wolfgang 31248 aus Münster wählt einen demokratischen Begriff des Klassikers und betont, dass der Klassiker im Auge des Käufers und Nutzers entstehe. »Schließlich sind WIR es, die den Bedarf entstehen lassen.« Im elferliste-Forum denken die User schon weiter. »Alle Heckmotor-Porsches werden Klassiker werden – spätestens wenn es keine mehr gibt.«

Die Elfer-Freunde folgen damit einem Klassikerbegriff, wie ihn Rainald Goetz für die Literatur und die Popkultur eingeführt hat. »Im besten Fall ist der Klassiker logisch das, was auch Pop im besten Fall ist: nämlich ein Hit«, schreibt Goetz. »Hits sind so gut, dass sie einen nie langweilen, genau umgekehrt, je auswendiger man sie kennt, desto noch auswendiger mag man sie kennen lernen.« Und weiter: »Denn ein Merkmal, geradezu das Kardinalssymptom des Hits wie des Klassikers ist schließlich: dass er Mut macht, einem neue Kraft gibt, neue Stärke, neues Neu und neue Wut für die nächste Attacke.« Dass Goetz in dieser Passage seines Aufsatzes sogar über »das totale Vollgastempo« des Pop schreibt, wirkt allzu passend.

Elitär in Harvestehude: die 911-Monokultur der Hansestadt

Zu Beginn des 21. Jahrhunderts entstand in den wohlhabenden Vierteln Hamburgs eine Porsche-911-Monokultur, die in ihrer Rigidität auch im internationalen Vergleich einzigartig elegante Straßenlandschaften schuf. Vor den strahlend weiß renovierten Jugendstilstadthäusern mit grauen oder anthrazitfarbenen Fensterrahmen und Haustüren parken schwarze und anthrazitmetallic lackierte Carreras, selten älter als fünf Jahre. Als Erstwagen dominieren Range Rovers, Cayennes oder E-Klasse-Kombis. In der stets vermögenden Kaufmannsstadt wurde der Porsche 911 zum Kaschmirpullover unter den Sportwagen. Ähnlich humorfrei wie bei der Wahl von Buchsbaum- und Eibenhecken in den Vorgärten wurde der automobile Klassiker zum Lieblingsgefährt hanseatischer Familien rund um die Alster und in Blankenese. Es hält sich das Gerücht, dass auch diese Stilentscheidung von Jil Sander vorbereitet wurde, die ihren

911 Carrera schon in den 80er Jahren als minimalistisches Statement gegen die damals noch spürbare Dominanz britischer Sportlimousinen verstand.

Der Charme des Elfers war stets, dass er als Sportwagen weniger die Exzentrik eines Ferrari haben wollte, als vielmehr die gängige Definition eines Sportwagens lässig erfüllen wollte, ohne verhindern zu können, dass Sound und Form auch beim wiederholten Anblick Emotionen aktivieren, die andere Autos nicht provozieren können. Nicht einmal die homogenen Bürgersteige in Hamburg, München, Düsseldorf oder Kampen, die mitunter an den Kundenparkplatz eines Porsche-Centers erinnern, konnten das Besondere des Elfers entkräften. Für Philip J. Rathgen, Autojournalist, Stilexperte und Hanseat, hat der Siegeszug weniger mit dem Ur-Carrera der 80er Jahre zu tun als mit dem spiegeleierigen 996er. Mit dem 997er schließlich sei die Allgegenwart des Elfers in einigen Straßen in Hamburg, vor allem westlich und nördlich der Alster, explosionsartig angewachsen. Mittlerweile gebe es genauso viele Elfer wie Minis und Range Rovers. Dazu gehöre als Hundemarke oft genug der Rhodesian Ridgeback oder ein Weimaraner. Der Schlüssel des Elfers sollte beim In-Italiener stets präsent sein, weil er seit ein paar Jahren die Form des Elfers besitzt. Unheimlich viele kleine, hagere Männer gehörten zu den Kunden, erklärt Rathgen. Und natürlich viele Frauen, alleine in seinem Bekannten- und Freundeskreis gebe es unzählige Frauen, die mit Boutiquen in Uhlenhorst oder mit einer PR-Agentur ihr Understatement auch als Sportwagenkäuferinnen pflegen wollten. Diese Frauen trügen seit 2009 weiße Jeans und Reitstiefel und würden als Beifahrerinnen kleinerer, hagerer Männer schon allein mit ihren ziemlich überdimensionierten Taschen auffallen, die den gesamten Beifahrersitz in Be-

schlag nehmen würden. Zum Porsche gehöre oft genug der Hermès-Gürtel mit dem »H« und in der Regel auch ein sportliches Modell einer Rolex-Uhr.
Der betonierte Kanon der Eleganz ist Erbe der hansetischen Oberschichtdistinktion und Verlängerung der Popper-Ästhetik gleichermaßen. Diese war Ende der 70er Jahre als Gegendissidenz zum Punk entstanden und versuchte im Etablierten Spuren des Subkulturellen herauszudestillieren. In diesem Sinne wäre der Elfer eine Fortsetzung des Vespa-Rollers mit mehr Mitteln und mehr PS. Die Kanonisierung von Statussymbolen und Eleganzrezepten macht diese für soziale Aufsteiger und Neureiche leicht kopierbar. Durch diese Zugänglichkeit des Looks harmonisiert sich das Straßenbild in Hamburg auf hohem Niveau. Selbstverständlich reizt dies auch zur Rebellion und Gegenwehr, die bis zur Schändung von Elfern reicht, die zerkratzt, verbeult oder gar angezündet werden.

Es ist eher die geschminkte Selfmadefrau als das Trophy-Wife, die in Hamburg seit gut zwei Jahrzehnten im Elfer einen angemessenen Ausdruck ihres Erfolgs sieht, »ohne auf die Kacke zu hauen«, wie es Rathgen ausdrückt. Die Form gefällt den kühlen Frauen: Der Elfer wirke wie der Gott unter den Autos, der von allen angebetet wird, aber sich nicht verehren lassen will. Wichtig ist in Hamburg zudem, dass dieser Sportwagen nie ein Kiez-Auto war, nie in St. Pauli ankam. Zuhältern war dieses Auto zu bieder.
Für die Pfeffersäcke und ihre Geschäftspartner aber war die Solidität des Wagens ein wichtiges Argument. So wie sie sich als ehrbare Kaufleute verstanden und verstehen, war dieser Porsche als Produkt des (um es ein wenig rotariermäßig zu formulieren) »anständigen« deutschen Mittelstan-

des. Es war, so der Stuttgarter Architekt und Unternehmer Sobek, die für »baden-württembergische Mittelständler typische« Art zu produzieren, die den Porsche geprägt hat. Die hohe soziale Qualität der Porsche-Produkte, die vorbildliche Bezahlung, Ausbildung und Qualifizierung der Mitarbeiter, habe dem Elfer gedient. »Sie ist eine dem Ganzen unterlegte Solidität, welche die Marke unsichtbar stärkt«, so Sobek. Die soziale Qualität des Elfers gibt seiner Schönheit einen idealistischen Drall. Das Gute strebt zum Wahren und Schönen.

Die Stilversessenheit der Hamburger, die nur mehr mit jener in London, Paris oder Mailand verglichen werden kann, hat aus dem Elfer die einzige Konstante im Modeleben der feinen Harvestehuder Dame der Gesellschaft werden lassen. Die Botschaft des Elfers ist ebenso einfach wie hanseatisch: Wenn du Erfolg hast, sollst du das Rezept nicht ändern. Das macht Porsche großartig und danach streben die geschäftstüchtigen Hanseaten. Fast hätten sie, die sonst bis dann ausschließlich von Sozialdemokraten regiert wurden, 1982 mit dem weltläufigen Großbürger Walther Leisler-Kiep einen CDU-Bürgermeister bekommen, der seinen Porsche 911 in Schwarz fuhr. Farblich begann es – wie so vieles in Hamburg – mit Dunkelblau und Schwarz, dann kam Anthrazit und schließlich bei den unzähligen Werbern dann das obligatorische, vermeintlich moderne Weiß und die Mattlackierungen, gerne auch in Militärgrün. Mit dem Auslaufen der 997-Modelle haben sich die Braunmetallic-Lackierungen als neues Schwarz im Geschmacksuniversum etabliert.
Äußerlich folgte Udo Lindenberg dem hanseatischen Hang zum schwarz-schwarzen Elfer, aber er tat es, wie alles, was er tat, mit anarchischer Poesie. Als Herold des Unkon-

ventionellen wie Populären hatte der seit 1968 in Hamburg lebende Rockmusiker und Künstler seine Liebe zum Porsche 911 früh entwickelt. Von der ersten großen Gage für den Hit »Andrea Doria« kaufte er sich 1973 seinen ersten »kackbraunen« Elfer. Damit holte er seine Mutter Hermine ab und das Foto zeigt einen stolzen Mann mit langen Haaren und Geheimratsecken und eine noch stolzere Mutter mit Halstuch und Föhnfrisur, die sich beim Einsteigen an der A-Säule festhält. 40 Jahre später ist dieser Sportwagen noch immer sein »schnelles Rennauto, Formel 1, Raumkapsel, Udonaut«. In einer schönen Geschichte in dem liebevollen »Porsche Klassik«-Magazin erzählt Lindenberg von seiner Porsche-Panik-Familie, seinen »Black Panthers«, dem Panamera, dem Cayenne, den Elfern, mit und ohne Turbo, vom G-Modell bis zum aktuellen 991er – alle in Schwarz. »Sieht lecker aus, das Auge hört mit«, erzählt er, wenn er den Motor eines G-Modell-Turbos anwirft.

Die Modeikone

In jener Zeit, als der 997er die Hansestadt zum großstädtischen Elfer-Treff macht, stellt die junge belgische Designerin Veronique Branquinho 2008 im MoMu, dem Modemuseum in Antwerpen, neben einer Werkschau ihrer Kollektionen auch ihren alten Ur-Elfer aus, den sie komplett mit englischem Tweed in Salz-und-Pfeffer-Farben bespannt hat. Der Stoffbezug erinnert an jenen Filz, den Joseph Beuys einst benutzte, um Objekten einen melancholischen Ernst und eine metaphysisch zu verstehende Speicherkapazität für Wärme zu geben. Branquinho machte den Elfer schwerer und rätselhafter und gleichzeitig eleganter und weiblicher. Mit jener für die Modeschule von Antwerpen typischen protestantischen Strenge überhöhte sie das minimalistische Karosseriedesign. Ende der 90er Jahre schuf Branquinho für die Frauenmode, was Helmut Lang für die Männermode gelungen war: eine zeitgemäße Interpretation vergleichsweise geordneter Rollenbilder. Die Frau in den Schauen von Branquinho war selbstbestimmt, stolz und einer raffinierten Schönheitskonzeption erlegen. Den kreativen Eliten, die Branquinho trugen, gefiel der Twist im Twist. Alles sollte einfach aussehen, aber bei genauerem Hinsehen nicht einfach sein. Der Elfer in Tweed, innen wie außen, deutete liebevoll dessen Perfektionsbemühungen aus. Durch den einfarbigen Stoff wirkte das Strenge noch strenger und konzeptioneller. Um diesen Porsche aber nicht vollkommen zur Statue zu entschleunigen, projizierte die Modemacherin an die Wand hinter der Elfer-Installation das nihilistische Roadmovie »Vanishing Point«. In einem Magazinprojekt, das der Ausstellung ein Jahr vorausging, kuratierte die Designerin mit einer ungewöhnlichen Autoexpertise die Kulturgeschichte ihrer Lieblingsfahrzeuge, darunter alle Baureihen des Manta, Steve McQueens Mustang aus »Bullit« und Exoten wie das Bitter Coupé und den Citroën SM. Eyecatcher war ein Porsche 911 G-Modell in Schwarz mit schwarzen Fuchsfelgen, allerdings mit den bei Sammlern umstrittenen Heckscheibenwischern. Auf der Doppelseite davor präsentierte Branquinho ihre liebsten Plattencover, die ähnlich einflussreich zu sein schienen wie die ihr eigenen Autovorlieben. Porträtiert als »Queen of the Road« in einem Pelzmantel sitzt die urbane, autonome Frau in einem Porsche 911, von dem nicht mehr als die schwarze Lederverkleidung der Fahrertür zu sehen ist. Dass sie schwarz ist, erscheint zwangsläufig. Das Foto erinnert stark an eine Szene aus der englisch-französischen Koproduktion »The Marseille Contract« aus dem Jahr 1974, in dem die bildschöne Tochter eines Clanchefs in einem gelben 911 S Targa eine Verfolgungsjagd mit einem Alfa Montreal liefert, die in dem lausigen Actionfilm zu einem erotischen Ballett umchoreographiert wurde. Das Heckschleudrige des Ur-Elfers wird zu einem Fruchtbarkeitstanz stilisiert, den die kühle Heldin mit der großen, dunklen Sonnenbrille, der schwarzen Lederjacke und den dunklen Lederhandschuhen nahezu regungslos darbietet. Die emanzipierte Frau gewinnt das Rennen und applaudiert dem als Zweiten ins Ziel kommenden Gentleman, der ebenfalls kostümiert ist, als wäre er aus einem Modemagazin gestolpert. Veronique Branquinho war gerade ein Jahr alt, als dieser Film in die Kinos kam.

Der Porsche als Mode- und Designikone wird auf seinen strengen, fast rigoristischen Modernismus reduziert, der ähnlich wenig historisch fundiert scheint wie das Bild des Bauhauses als Inbegriff der weißen Moderne. So wie die Meisterhäuser in Dessau und viele andere Wohnlandschaften aus der klassischen Moderne zum Teil extrem bunt waren (siehe die Papageiensiedlung in Berlin), war Porsche im Kontext seiner definierten Formen experimentierlustig, wenn es um Stoffe und Farben ging. Für den Chef des Porsche-Archivs, Dieter Landenberger, sind die Hahnentritt-Sitzbezüge des Ur-Elfers »mehr Sixties« als jedes andere Stildetail bei Porsche. Mit grellen und gewagten Farben wie Vipergrün oder Indischrot oder Blutorange bekannte sich Porsche in den späten 60er und frühen 70er Jahren zu einem Zeitgeist, der den grauen Alltag fast programmatisch aus dem deutschen Bürgertum vertreiben wollte. Der Carrera RS wird in Weiß ausgeliefert, aber die Schriftzüge an den Seiten und die Felgen werden in leuchtenden Blau-, Rot- und Grüntönen gesetzt.

In den Hauptstädten der Eleganz von Hamburg über Mailand bis Paris blieb vom farbigen Teil des Mythos wenig haften. Als Porsche ab 1974 als erster Hersteller Chrom durch Mattschwarz ersetzte, machte dieser Hightech-Reduktionismus schnell Schule und andere Premiumhersteller folgten. Der matte, technische Look passte nicht nur zu den Uhren, Pfeifen und Taschen, die Ferdinand Alexander Porsche für sein Label Porsche-Design entwarf, sondern auch zu jener Distinktionspraxis der deutschen und europäischen Oberschicht, die es aus Angst vor Sozialneid gerne etwas zurückhaltend pflegte. Während bei den Oldtimern die grellen Elfer-Farben heute besonders gesucht sind, folgt die Mehrzahl der Porsche-Kunden für ihre »daily drivers« einem überschaubaren Kanon von Lackierungen. Auch wenn Porsche mit seinem Sonderwunschprogramm neben vielen Serienauswahlmöglichkeiten dem Kunden alle Freiheiten ließ, blieb der Mainstream der Elfer-Kunden der Konvention verpflichtet.

Das Auto der Ferkel Vol. II

Daniel Deserno ist ein Unsympath, wie er im Buche steht. Der Investmentbanker tritt nicht nur hauptberuflich als verantwortungsloser Hasardeur an den Finanzmärkten auf, sondern treibt es bunt mit jeder Menge bevorzugt schlanker Frauen und seinen leidenschaftlich verehrten Porsches. Wie in jeder Moritat geht Bodo Kirchhoff auch in dem Roman »Erinnerung an meinen Porsche« fundamentalistisch zu Werke. Wie seinerzeit bei Heinrich Böll bleibt die Rache am Schurken nicht aus. Der Frauenheld wird mithilfe eines Alessi-Korkenziehers kastriert. Zudem verliert er das Gefühl in seinen Beinen. Er kann weder gehen, noch penetrieren, noch Porsche fahren. Wobei der Porsche, ergänzt um das GT, auch synonym für das einst funktionierende Geschlechtsteil (GT) verwendet wird.

»Porsche war und ist das Größte«, erzählt Kirchhoff. »Wenn die Schöpfung, außer bei denen, die ohne Doping die Tour de France gewinnen, noch irgendwo Triumphe feiert, dann bei diesen Autos.« Dieses Zitat aus dem ersten Viertel des Romans verortet den Porsche sogleich an der unsympathischen Spitze des Sozialdarwinismus. Der Held schwärmt von seinen Turbos. Der neuere mit zwei Ladeluftkühlern mache ein Geräusch »wie das Fauchen einer Frau, der es kommt, obwohl sie noch wütend auf einen ist«. Porsche fahren ist für den Sexisten, der anders als Hank Moody nahezu ohne Charme auskommt, Teil des Vorspiels oder mitunter die ideale Masturbation. Gleich bei der Jungfern(sic!)fahrt des Turbocabrios hatte der Ich-Erzähler »die verchromte Schaltknüppelkuppe durch ein rotes Geschenkband, das noch von Weihnachten übrig war, straff mit meinem persönlichen Porsche verbunden, um jeden Schaltvorgang auch wirklich mitzuempfinden, und beim Rauf- und Runterknüppeln auf einer Strecke im Hintertaunus gelang sogar das Kommen in voller Fahrt.«

Mit dieser wüsten Fantasie untergräbt Kirchhoff das durchaus populäre Vorurteil vom impotenten, kleinen Mann, der sich einen Porsche zur Kompensation hält, doch gleichzeitig schildert er den kopulierenden Erotomanen im Porsche derart scheußlich, dass man die friedliebende Trieblosigkeit des Impotenten fast vermissen sollte. Für den 39-jährigen Banker wird der Porsche zu einem Telegramm an die Außenwelt, in dem er ihr mitteilt, wie viel Geld er verdient, wie geil er drauf ist und wie sehr er von dieser Umgebung, den anderen Menschen, bewundert werden will.

Ein Blick auf das Datum des Romans erklärt die etwas bittere Note des Werkes. Der Text erscheint 2009 und ist – wie die Kritik interessiert zur Kenntnis nimmt – eine schnelle Reaktion auf die Finanzkrise, so wie Böll eine Reaktion auf Deutschland in Zeiten des RAF-Terrors (Oder sollte man sagen des »Bildzeitungs-Terrors«?) war. Im »Spiegel«-Interview zum Roman stellt sich der Autor als Wirtschaftsexperte vor. Schon als jugendlicher Eisverkäufer in den reichen amerikanischen Vororten ahnte Kirchhoff, dass dieser Wohlstand auf tönernen Füßen stand. Derlei wird ohne Ironie vorgetragen. Gesellschaftskritik, in der man die Verkommenheit der Protagonisten am Porsche-Spoiler erkennt, argumentiert ausschließlich moralisch.

Veranstaltet die linke, ökologisch korrekte Tageszeitung »taz« in Berlin einen Kongress, darf auf einem Panel zu Lebensstilen ein Porsche-Fahrer als ein zu bestaunendes und zu bemitleidendes Geschöpf auftreten. In dem Kirchhoff-Roman ist wie bei Böll und den entsprechenden Verfilmungen der Fluss der Gedanken mit einem niedrigen Tempolimit versehen. Vom Porsche selbst versteht Kirchhoff nicht allzu viel. Er selbst fahre einen gebrauchten Jaguar mit kleinen hölzernen Tabletts, die sich herausnehmen lassen, wie er im Interview gesteht. Seine Romane schreibt er in Frankfurt mit Blick auf die Hochhäuser der Banken und von seiner Wohnung aus sieht er die Banker morgens mit ihren Porsches über die Mainbrücke donnern. Er glaubt, diese Stuttgarter Sportwagen seien die kleinen Dienstwagen der Banker. Bezeichnenderweise ist auf dem Cover der Taschenbuchausgabe dann auch ein am Heck demolierter Boxster zu sehen, aber es ist eigentlich egal, welcher Porsche bei diesem Roman gemeint sein könnte, abseits des zerstörten Genitals des Helden. Die »Frankfurter Rundschau« jubelte: »Bodo Kirchhoff gibt's den Porsches dieser Welt.« Das muss reichen.

Egal wie populär die in dem Roman bestätigten Vorurteile gegen den Elfer-Fahrer sind, sie lassen sich rückblickend auch als ein fernes Echo jener Börsenaktivitäten lesen, mit denen der damalige Porsche-Chef Wiedeking sich gnadenlos verzockte. Der ehrgeizige und durchsetzungsstarke Automanager begann 2005 mit unschuldig anmutenden Beteiligungen am VW-Konzern, die dank der blühenden Geschäfte vor der Finanzkrise sogar die Übernahme von VW durch Porsche denkbar werden ließen. Im Mai 2008 gab der Aufsichtsrat das Okay, VW zu übernehmen. Dann kam die Finanzkrise, der Zusammenbruch der Aktienkurse, das Einknicken der Konjunktur, die Panik bei den Managern von Porsche, die zehn Milliarden Euro Schulden gemacht hatten, um Volkswagen zu übernehmen. Trotz frischem Kapital aus Katar drohte dem Sportwagenhersteller erneut das wirtschaftliche Aus. Im Juli 2009 wurde Wiedeking mit einer saftigen Abfindung von 50 Millionen Euro entlassen. David hatte gegen Goliath verloren, wohl auch, weil David anders als im Alten Testament Goliath unterschätzte und sich selbst überschätzte. Der Erfolg hatte die Sinne leicht getrübt. Auf einer Metaebene wurde dem Elfer-Fahrer, der in der Regel für sein Leben die Berufsrolle des »Erfolgsmenschen« wählte, ein Lehrstück davon geliefert, wie schnell ein Leben auf der Überholspur auch kippen kann.

Das erste Mal

Nur die wenigsten Besitzer eines 911er können sich wirklich genau daran erinnern, wann die Silhouette des Sportwagens oder die seines Vorgängers als Erscheinung in ihr Leben trat. In der Regel, und das beweisen auch die Dutzende von Interviews, die in Vorbereitung auf dieses Buch geführt wurden, geschah dies in der frühen Kindheit. Bei vielen Jungs (aber auch Mädchen) war es danach um sie geschehen. Die Porsche-Werbung rekurriert immer wieder auf diesen magischen Moment und stellt die Erinnerung an jene Sehnsucht der Kindheit in das Zentrum der Verklärung der Glücksmomente, die der Porsche 911 auch dem erwachsenen Kunden noch pausenlos bescheren kann.
Der kleine William, er dürfte ungefähr zwölf Jahre alt sein, sitzt in einer Geographiestunde und wirkt leidlich interessiert am Unterricht, als ein schiefergraumetallicfarbener Porsche 911 an der Schule vorbeifährt. William blickt wie

magisch berührt dem röhrenden Elfer hinterher, der in dem Werbefilm des Jahres 2005 in Zeitlupe an den gierig blickenden Augen des Jungen vorbeifährt. Williams Stift fällt zu Boden, die Lehrerin wird aufmerksam und sieht, dass der Junge dem Unterricht nicht folgt. Sie ermahnt den Jungen, die Klasse lacht ihn aus. Als er später – zur Strafe? – in der Bibliothek sitzt, zeichnet er einen Porsche 997. Mit dem Läuten der Schulklingel stürmt William zu seinem Fahrrad und rast durch ein ziemlich gepflegtes, bürgerliches und wohlsituiertes Viertel in das nächstgelegene Porsche-Zentrum. Dort fragt er nach dem neuen »nine eleven« und der freundliche Verkäufer bittet ihn, in dem silbernen Porsche Platz zu nehmen. William genießt sein Glück andächtig. Als er aussteigt, bittet er den Verkäufer um seine Visitenkarte und kündigt an, dass er in 20 Jahren wieder vorbeischauen werde. Bei diesem Porsche-Spot ist der »puer senex«, der greise Knabe, schon in Besitz jenes Wissens, das ihn bald zum Porsche-Kunden machen wird. Er weiß, wer er ist und was er will. Das Gelächter seiner Klassenkameraden scheint ihm egal zu sein. Die Autorität der Lehrerin erkennt er nicht wirklich an. Der von ihr geschwungene Zeigestock erregt seine Furcht nicht, eher verschreckt ihn, dass diese Kontrollinstanz ihn aus den Träumen reißen kann und darf.
In einem anderen amerikanischen Porsche-Film konfrontiert der Sohn, in etwa so alt wie William, den Vater mit den alten Träumen. Der Junge lebt in einer modernistischen Villa hoch über der Stadt, sein BMX-Rad hat einen platten Reifen und so sucht er in der Garage nach einem neuen Schlauch. Dabei entdeckt er eine Kiste mit alten Fotos, die einen roten Ur-Elfer zeigen: Papas erster Porsche. Daneben steht in der Garage ein neuer 997er. Der Vater überrascht den Sohn beim Studium der Bilder und erzählt ihm, wie er

als junger Mann den Elfer einst in einer Scheune verstaubt und heruntergekommen entdeckte, um ihn aufwendig zu restaurieren. Am nächsten Morgen findet der Vater eine Kiste mit Bastelmaterial für einen Modell-Ur-Elfer auf dem Dach des neuen 997ers. »Don't forget« hat der Junge auf ein Post-it gekritzelt und auf das Geschenk geklebt. Der Junge erinnert den Vater an den Jungen in ihm, als er seine Leidenschaft entdeckte. Der Sohn präsentiert sich als Hüter der Flamme. Die deutsche Porsche-Werbung hat sich filmisch auch einmal an das Thema der Jugendliebe 911er gewagt und ist episch daran gescheitert. Titel: Klassentreffen. Langweiliger Kram.

Unvergleichlich, so schwärmt der jung zum Porsche-Besitzer Gewordene, ist es, wenn der Erwerb des ersten Elfers noch in Fühlweite der Ursprungseuphorie passiert, wenn der Elfer-Fan, der die Jugend gerade hinter sich gelassen hat, das zäh verdiente Geld aus dem Sparbuch räumt und sich den günstigsten Einstiegs-Gebrauchten kauft, der – was Laufleistung und Zustand betrifft – ein sorgenfreies Leben verspricht. Wenn sich nach mehreren Besichtigungen und Probefahrten das Bild lichtet und klar ist, welcher Elfer es werden wird, gerät der Gang zur Bank zu einem unvergesslichen Erlebnis mit weichen Knien, zittrigen Händen und belegter Stimme. Die ältere Dame am Bankschalter fragt, ob alles okay ist. Und weil es mehr als das ist, antwortet der junge Mann: Ja, sehr. Mit dem Geld in der alten Schultasche, die es auch während des Studiums zum stetigen Begleiter gebracht hat, fiebert der junge Mann dem Abendtermin entgegen, bei dem der enttäuschend dünne Papierumschlag mit den – sagen wir – gut 20.000 Mark gegen einen Porsche 911, Baujahr 1977, mit 165 PS in Weiß

getauscht wird. Der Kaufvertrag wird unterschrieben, der Kfz-Brief wird übergeben und dann auch die Schlüssel. Ein kurzes Händeschütteln und dann geht der junge Mann, der gefühlt seine gesamte Kindheit und Jugend auf jenen Augenblick zugesteuert hat, zu dem weißen Elfer, der aus dem geparkten automobilen Allerlei heraussticht. Er öffnet die Tür und setzt sich. Ihm ist schlecht, er strahlt, er kann es nicht glauben. Er glaubt, es ist ein Wunder, er hat Angst, aufzuwachen und zu merken, es ist ein Traum. Er steckt den Schlüssel links in das Zündschloss. Er fasst alle Kraft zusammen und dreht um. Krachend springt der Sechszylinder-Boxer an. Der Druck auf das Gaspedal lässt den Motor aufheulen. Das ist jetzt deins! Dein Elfer. Der erste Gang wird eingelegt, behutsam ausgeparkt und die schönsten hundert Meter in einem Auto sind zu schnell vorbei.
Es wird nie mehr so sein wie beim ersten Mal. Immer noch schön, aber nie mehr so fundamental erschütternd wie beim ersten Mal. Das klingt pathetisch, ist es auch. Porsche-Freunde sortieren ihren Freundeskreis nach denjenigen, die derartig absurde Gefühle für einen teuren Haufen Blech und Hightech nachvollziehen können, und den Übrigen, denen sie mit Selbstironie und Rollendistanz zu ihrer Sportwagenliebe begegnen. Verraten werden sie ihren Elfer jedoch nicht, solange er diese Gefühle auslösen kann. Dies gilt im besonderen Maße bei der Suche nach einem neuen Modell.
Diese reaktiviert die Ursehnsucht und die Erfahrung der ersten Suche, ohne deren Aufgeregtheit gänzlich wiederbringen zu können. Mit jedem weiteren Elfer wachsen die Routine und die Vernunft des Prozesses. Der Moment des Verliebens bleibt, auch weil der Porsche, selbst als gebrauchter Sportwagen, ein teures Vergnügen ist. Wirklich reiche Menschen können nur bedingt das Glück empfinden, wenn

ein Porsche, mit Entbehrungen erspart, die Erfüllung eines überlebensgroßen Traums von sich selbst sein kann. Der Porsche ist für den Emporkömmling, den Aufsteiger und Strebsamen Motivation wie Symbol der Ankunft in jener Welt, die er seit seinen frühesten Kindertagen ganz naiv als eine glückliche und schöne imaginiert hat. Eine, die anders als die karge Welt der Eltern mit Spaß und Freude und Frechheit der Überschreitung zu tun hat – und nicht mit jener Strebsamkeit, die in der Anpassung den Charakter der Menschen deformiert, anstatt diesen freizusetzen.

Das erste Mal ist unwiederholbar und doch gibt es, wenn man genau in sich hineinfühlt, jedes Mal ein anderes erstes Mal. Udo Lindenberg hat den Eros der Jungfernfahrt für sich konserviert, seit 40 Jahren. »Jedes Mal steigst du ein, als wäre es das erste Mal, ist wie auf einer Bühne. Und jedes Mal hebst du wieder ab, wie im Scheinwerferlicht der Tourneen. Eine Freude, ein Kick, den du von der ersten Begegnung an immer wieder neu und einzigartig erlebst.«

Ferrari ist eine Geliebte, der Elfer ist wie eine Ehefrau, volksweisheitet der Porsche-Fahrer. Die Idee der ewigen Treue unterstützt durch die lange Produktionszeit des Elfers auch Monogamiekonzepte seiner Nutzer. Im Jahr 2013 feiert der Elfer damit auch eine Art goldene Hochzeit mit seinen reifsten Kunden. Die erotische Fantasie, dass das erste Mal in seiner jungfräulichen Aufgeregtheit zwar nicht konserviert, aber über Jahre und Jahrzehnte auf magische Art am Leben gehalten werden kann, untermauert das Fundament der Schwärmerei mit der produktnahen Solidität. In der Schnelllebigkeit der Moderne und der Bindungslosigkeit des »anything goes« ist der Treueschwur als Konsequenz eines erfüllenden ersten Mals die Ausnahme, nicht die Regel. So können die weiteren Fahrten jeweils emotional an die Referenz-Erregung angekoppelt werden. Ein wenig narzisstischer formuliert setzt die Treue zum Elfer im Kontinuum von der Liebe auf den ersten Blick bis zum gemeinsamen Glück im hohen Alter auch ein hohes Maß an Selbsttreue voraus. Die Besitzer-Ebenbildlichkeit des Elfers verschränkt die Permanenz des Objektes und dessen Verführungskraft mit der Permanenz des erotischen Wollens und des Verführtseinwollens. Deswegen ist dieses Buch, für manch PS-ferne Leser, wohl auch ein kaum nachzuvollziehender Liebesdienst. Es ist die Kulturgeschichte einer Romanze.

Die Skulptur

Es läuft etwas schief, dachte sich Erwin Wurm, als er mit seinem neuen 997 Turbo in Wien an der Ampel stand. Direkt neben ihm hielt ein weißer Turbo, genauso neu wie seiner, und darin saß ein »Prologrill«, ein gebräunter Mann mit dicker Goldkette. »Mein Gott, was für ein hässliches Auto«, entfuhr es dem weltberühmten Künstler, bevor er merkte, dass er, lediglich dezenter lackiert, in dem gleichen Fahrzeug saß. Er fuhr auf der Stelle nach Hause und rief den Porsche-Händler an, um ihm mitzuteilen, dass er den Turbo wieder abgeben werde. Stattdessen kaufte er sich ein 997 4S Cabrio. 2011 hat er es verkauft und fährt seither, wenn es schnell gehen soll, einen Aston Martin und, wenn es sicher sein soll, einen Range Rover. »Ich bin irgendwie bei den Engländern gelandet, keine Ahnung, wie das passieren konnte. Eine Laune!« Wurm denkt ein wenig nach. »Wahrscheinlich hatte ich im Elfer irgendwann das Gefühl, mit einem Zahnarzt aus Düsseldorf verwechselt zu werden.« Erwin Wurm hat die vielleicht aufregendste und substantiellste künstlerische Intervention in Sachen Elfer betrieben: ein Fat Car. Schon als kleiner Junge hat ihn der Elfer fasziniert. »Damals«, so erinnert sich der 1954 geborene Künstler, »hat es ganz wenige Porsches gegeben. Heute ist in Wien alles voll davon.« Nach seinen ersten Erfolgen auf dem Kunstmarkt kaufte er sich einen alten blauen Elfer aus dritter Hand, den er – wie Medien gerne berichteten – unübersehbar in den Hof der »Angewandten« in Wien parkte, wo er ab 2002 als Professor unterrichtete. Für sein erstes Fat Car nutzte er ein gebrauchtes Carrera Cabrio als Fundament. Einen neuen Porsche hat er sich nicht leisten können. Um ein 911 Cabrio für die erste große Fat-Car-Skulptur zu finanzieren, hat er Modelle der Skulptur verkauft. »Ich bin Künstler, ich lebe ja davon, dass sich die Arbeiten verkaufen«, wie er schmunzelnd bemerkt. Obwohl und weil er die Form des Elfers großartig fand und findet, waren nicht die skulpturalen Qualitäten des Autos ausschlaggebend, sondern die Möglichkeit, dieses Fahrzeug zu dekonstruieren. »Durch das Fettwerden soll die Form des Elfers zerstört werden.« Dass der Elfer im Gegensatz zu anderen Sportwagen eher schmal und zierlich ist, war aber hilfreich. »Es hat keinen Sinn, ein Auto dick zu machen, das schon dick ist. Deswegen habe ich auch keinen Turbo oder einen 4 S genommen mit dem breiten Heck«, wie Wurm betont. Am liebsten hätte er den 550 Spyder von James Dean gehabt, aber diese Idee war unbezahlbar.

Als soziales Zeichen wahrgenommen, war der Porsche aber ein »fettes Auto«. Ein »Bonzenauto, wie man in den 70er Jahren sagte«. In einer Welt, in der sich Menschen über Besitz definieren und ihre monetären Möglichkeiten

unübersehbar offenlegen können, war der Porsche ein »Statement des Wohlhabenden wie Sportiven«.
Als Produkt aus Mitteleuropa, mit dem man sich identifizieren konnte, blieb der Porsche ein gleichermaßen besonderes wie unaufgeregtes Zeichen. Ein exotisches Auto wie ein Lamborghini hätte die Interpretation der Skulptur in eine ganz andere Richtung treiben lassen. Die dicken Autos wurden zu einem großen Erfolg für den österreichischen Künstler. Werbeagenturen weltweit klauten die Idee der fetten Autos, bis Wurm anfing, mit Klagen dagegen vorzugehen. Von Porsche selbst hat er nichts gehört. Die waren offensiv desinteressiert an seinen Arbeiten. Als er dennoch den Kontakt mit Porsche suchte, gab es eine brüske Zurückweisung, die ihn verwunderte.

Eigentlich war und ist Porsche für Schriftsteller ein Tabu. Da ist sich der Porsche fahrende Brecht-, Kleist- und Toller-Preisträger Albert Ostermaier ganz sicher. »Das dürfen Maler, da findet man solche Autos aufregend, das dürfen Schauspieler, Regisseure, aber Schriftsteller, Dichter, nein, das ist Verrat, Verrat an der Kunst, der Wahrheit, an allem, was dem Feuilleton heilig ist und nur für andere gilt. Der Dichter war auf das Spitzweg-Bild festgelegt, mit aufgespanntem Regenschirm im Bett liegend, und durfte höchstens im Geiste rasen. Dabei sind Porsche und Poesie eine herrliche Alliteration und Tabus müssen gebrochen werden. Aber ich musste mich erst von allen Fremdbestimmungen befreien, bis ich mir meinen ersten Porsche kaufen konnte, ohne ihn hinter einer Sonnenbrille zu verstecken. Und ich musste sehr lachen, als ich kurz danach im Kino saß und auf der Leinwand der legendäre Satz fiel: ›Männer in der Krise kaufen sich einen Porsche‹. Porsche hat mir aus der Krise geholfen, weil ich mir selbst erlaubte, das zu dürfen und mich nicht mehr kümmern zu müssen, was man dazu sagt.«

Welche Krise das ist, lässt Ostermaier offen. Der Porsche hat in jedem Fall geholfen. Wie Cookie und Rinke ist Ostermaier ein großgewachsener, nicht nur in Frauenaugen ziemlich ansehnlicher Mann. Auch intellektuell muss er sich nicht größer machen, als er ist. Aufgewachsen ist er in einer Familie, die seit Generationen BMW fuhr. Er hat als Junge nie mit Autos gespielt. Die einzigen luftgekühlten Flitzer, für die sich Ostermaier interessierte, waren in den Kinderjahren Uli Hoeneß und Kalle Rummenigge. Das wichtigste am Auto war für ihn das Heck, wo er seinen FC-Bayern-Aufkleber plazieren konnte. »Meine Mutter«, erinnert sich der Starnberger, »fuhr immer den schnellsten BMW und seitdem ich schon als Kind ›on the road‹ war und im Wäschekorb von der einen Seite zur anderen gejagt wurde, wurde Geschwindigkeit für mich schnell etwas sehr Beruhigendes und ich bekam ein Gefühl für Tempo und wie unerträglich schwer es mit Menschen ist, die einem zu langsam sind. Aus Treue zu BMW musste ich Porsche ignorieren. Aber das hielt nicht stand, denn jeder, der ein Empfinden für Schönheit mit in die Wiege gelegt bekommen hat und für den goldener Schnitt und Durchschnittsgeschwindigkeit kein Widerspruch sind, muss irgendwann Porsche verfallen wie einer ersten Liebe, bei der es die Eltern langsam mit der Angst zu tun bekommen …«

Der Ur-Elfer ist für Ostermaier der »Urtext, der nie an Gültigkeit, an Wahrheit verliert«. Eher ein Objekt als ein Fahrzeug, eine radikale Idee. »Den Ur-Elfer würde ich mir als Skulptur ins Wohnzimmer stellen. Er ist mehr als ein Auto, ein metaphysischer Zustand, er ist, als hätte Picasso ihn mit einem Strich entworfen.« Den Porsche-Puristen, die in den Modernisierungen Verfall wittern, kann er wenig abgewinnen. »Ein Porsche ist immer schneller als unser ästhetisches Empfinden.« Und wenn der Ur-Elfer der Urtext sei, müssten »wir ihn immer wieder neu übersetzen: Dabei geht manches verloren, aber anderes wird gewonnen. Verfall setzt Fallhöhe voraus. Und Fallhöhe hat Porsche allemal und gewinnt sie immer wieder von neuem.« Weder der luft- noch der wassergekühlte Elfer sei der echte, sondern der »herzgekühlte«. Und überhaupt ist die Sprache über dieses Auto eher mangelhaft. »Die Sinnlichkeit und Verführung liegt im Unausgesprochenen. Der stärkste Porsche-Motor ist die Fantasie, Worte wie ›Hintern‹ beleidigen sie.« Und das Geräusch des Sechszylinder-Boxers? »Wie die Rechte eines Boxers kurz vor dem Glaskinn des Gegners.«

Ostermaier poetisiert sein Glück mit dem Elfer. »Der schönste 911er ist der in deinen Träumen, der 911er der Erinnerung, der nur Landschaft ist, Rhythmus, Musik, der ein Augenblick und ein Blickwechsel ist, der durch das erwachende Paris jagt, der allein auf einer Klippe am Atlantik steht und seine zweite Luft findet.« Ostermaier, der Linke, der Fußballfan, der FC-Bayern-Vertraute, Ur-Münchner, fährt einen schwarzen 997er.

Minimize it to the max: Seinfelds Traditionalismus

Jerry Seinfeld ist Traditionalist. »Ich bin auch noch nie einen Tesla gefahren, weil ich Verbrennungsmotoren und Zündkerzen liebe«, erklärt der Komiker. Mag der Rest Hollywoods Hybrid-Kompaktwagen und batteriebetriebene Sportwagen benutzen, Seinfeld bleibt seinen Porsches treu. 1954 in Brooklyn geboren, hat Seinfeld Fernsehgeschichte geschrieben. Mit der Serie »Seinfeld«, die von 1989 bis 1998 auf dem Sender NBC lief, verdiente er mehr Geld als irgendein Comedian vor ihm, bis zu hundert Millionen Dollar im Jahr. Die hat er oft genug in Produkte aus Zuffenhausen investiert. In New York hat er ein Parkhaus für seine Sammlung, am Santa Monica Airport bei Los Angeles eine Art Autohangar. Seine finanziellen Möglichkeiten machen ihn zu einem ungewöhnlichen Sammler, seine Pedanterie und sein Fanatismus zu einem typischen. Im Sommer 2011 erhält er den auf 600 Stück limitierten GT 3 RS 4.0. Unter dem Kofferraumdeckel hat er das Auto sogar von Hans Mezger signieren lassen, dem ehemaligen Chef der Motorsportabteilung von Porsche. Wie viele seiner Porsches ist er schwarz und – für einen GT 3 RS untypisch – ohne jeden Aufkleber. Schwarz ist für Seinfeld die Farbe für ein Auto, »das du so sehr liebst, dass du ihm nichts hinzufügen möchtest«.

Trotz Überrollkäfig, Schalensitzen und einem Spoiler, der auch als Surfbrett genutzt werden könnte, will Seinfeld seinen straßentauglichen Rennsportwagen »minimalistisch«. Das ist für ihn eine Grundsatzeinstellung: »Ich liebe es, Autos zu essentialisieren – das heißt, sie auf ihre Essenz zurückzuführen«, erzählt Seinfeld. »Ich habe einen Speedster aus dem Jahr 1958 komplett umbauen lassen, die Stoßstangen abmontiert, das Top entfernt und lediglich eine kleine Plastikwindschutzscheibe stehen lassen, wo sonst die normale Scheibe ist.« Der Speedster sei zwar sehr individuell aufgebaut, bleibe aber ein wirklich zierliches Auto, »wie eine schwarze Jelly Bean«.

Gerade in den showverliebten USA ist diese Art des Minimizing ungewöhnlich. Es ist eine Wahrnehmungsfalle. »Die Leute wissen nicht, was sie da sehen«, berichtet Seinfeld, »aber sie kapieren, dass es etwas sehr Besonderes ist – eine pure Form. Laute, neue und schrill lackierte Autos erzeugen automatisch Aufsehen. Ein derart brutal simpler Wagen wie mein Speedster in Schwarz ist dazu ein Gegenentwurf, auch zu einer Kultur, die viel zu oft zu laut, zu marktschreierisch und zu angestrengt daherkommt.« Die meisten High-end-Sportwagen erinnern Seinfeld an Halloween-Kostüme: Das sind monströse Masken für ihre Fahrer, so als wären sie für den Cirque du Soleil entworfen. Ein Porsche dagegen fühlt sich an »wie ein warmer, runder Stein in der Hand. Er fühlt sich gut an«, betont Seinfeld. »Ich fange an, diese Dinge zu lieben, sobald es mir vorkommt, als wollten diese Dinge ein Teil von mir werden – anders als all jene Gegenstände, die dazu dienen, mich zu erhöhen oder aufzuwerten. Ein Porsche ist sehr humanistisch.«

Vergleicht man die wirklich schnellen Porsches wie den 911 Turbo S mit einem Ferrari 458, dann sind diese Autos nüchtern, unaufgeregt und auf eigenwillige Art minimalistisch. »Und nur wer das will, sollte auch Porsche fahren«, meint Seinfeld. »Wer diesen Sportwagen fährt, der will nicht das Maximum, sondern das Minimum.« Damit meint Seinfeld weniger modernistische Folklore als die ausgeprägte Form von Funktionalität. »Für mich gilt der Satz von Mies van der Rohe, der sagte, dass eine faszinierende Einfachheit etwas Kostbares ist, das nur schwer erreicht werden kann. Diese aufregende Einfachheit suche ich auch, wenn ich Comedy schreibe. Das ist die Essenz meiner Ästhetik, so wie man es von Braun oder Apple kennt. ›Less is more‹ wurde zum geflügelten Wort, dabei glaube ich, dass kaum einer versteht, was damit gemeint ist. Ferry Porsche hat es einfacher gesagt: Gutes Design beruhigt.«

2011

Der 991er

Das erste Mal, zum siebten Mal: ein neuer Elfer

Mitten im grünen Herzland steht auf einem durch Erdwälle und hohe Stalltüren verdeckten Hof des Entwicklungs- und Designzentrums von Porsche ein Objekt, dessen liturgische Geburtsfeier wenig später im September 2011 auf der IAA in Frankfurt stattfinden soll. Es ist der neue Porsche 911. Ein damals 48 Jahre altes Auto, die siebte Generation eines Sportwagens, der sich entschieden hat, nicht alt zu werden. Wie kein anderes Auto pflegt der Elfer seine Traditionslinien als Beleg

der eigenen Unsterblichkeit. Der Elfer vergewissert sich seiner Zukunft vor allem dadurch, dass er seiner Vergangenheit gerecht wird.

Es ist ein sonniger Tag im Frühsommer, als Designer Michael Mauer vorsichtig, um nicht zu sagen weihevoll die Plane vom Eins-zu-eins-Modell hebt. Hinter ihm wurde – zum Vergleich – das aktuelle, damals noch käufliche Modell der Baureihe 997 aufgestellt, und unter einer weiteren Plane lauert das Original der neuen Modellreihe. Als die Hülle schließlich zur Gänze gefallen ist, ergreift auch den Nerd, der im Internet jedes Foto eines Erlkönigs studiert, jede Computerretusche analysiert, jedes Video mit düster abgeklebten Versuchsfahrzeugen mehrfach bestaunt hat, eine Art Schauer. Da diese 991 getaufte Baureihe von vorne dem Vorgänger aus dem Gesicht geschnitten ist, beginnt ein Vexierspiel. Das bisher Ungesehene wirkt wie ein Fehler, eine Provokation, weil sie das so Bekannte (und – ja, auch – Geliebte) entstellt.

Der Designer, ein sehr reflektierter und nach Ferdinand Alexander Porsche der fünfte im Amt, spürt die Verunsicherung des Elfer-Fanatikers und reagiert auf den Einwurf, dass dieses Auto am Heck eher eine Kulturrevolution denn eine sanfte Weiterentwicklung sei, irritiert. Nein, so war es nicht gemeint. Der Erfolg des Elfers ist seiner Ansicht nach einer behutsamen, aber konsequenten Weiterentwicklung des Designs und natürlich der Technik zu verdanken. Deshalb brauche er Respekt vor der Historie und müsse gleichzeitig alles hinterfragen. Und je länger die Geschichte des Elfers sei, umso stärker wachse der Respekt vor der Ikone wie der Wunsch, sie in Frage zu stellen. Da wird dann ein symbolischer Königsmord irgendwann zwingend. Das sagt der nette Herr Mauer dann natürlich nicht mehr so.

Der Elfer war für seine Freunde mit Ausnahme des 996ers stets das jeweils perfekte Auto. Nun gab es also ein neues perfektes Auto, und verzweifelt versuchte der Porsche-Freund, in Hirn wie Herz dafür Platz zu schaffen. Das Auto wirkte breiter und gedrungener, die Lichter vorne standen weiter auseinander; insgesamt mutete der Wagen mit seinem klaren, hellen Blick und den sehnigen Kotflügeln wie ein studierter Triathlet an.

Mauer, der den 964er und den 993er für die gelungene Weiterentwicklung des Ur-Elfers und des G-Modells hält, spürt angesichts des suchenden Blicks des Elfer-Freundes jene Verunsicherung, über die er längst hinweggelebt und -gearbeitet hat.

Vor der exklusiven Präsentation des neuen Elfers hat er in einer technizistischen Präsentation das Wesen der Porsches über das Verhältnis von Höhe zu Breite, die Modelliertheit der Kotflügel und die Porsche-Neigung zu Fließheckpartien erläutert. Auch ein paar Monate später bei einer Podiumsveranstaltung mit störrischen Designern und Architekten, die allesamt dem 911er verfallen sind, bleibt er bei der ruhigen Analyse. Die Topographie über der Haube sei typisch Porsche, ihre Ausprägung beim Elfer dagegen Produktidentität.

Das Heck ist sein neues Element – die Kante, die von der einen Seite zur anderen rüberläuft und dem 911er optische Breite gibt und Präzision. Durch die geduckte Erscheinung und die Kante wirkt »der Popo breiter«, obwohl er genauso breit ist wie beim Vorgänger. Verstärkt wird der Effekt durch die einziehende Scheibe, die starke Schulter und die schmalen Heckleuchten. Für den Elfer müssen es im Prinzip runde Scheinwerfer sein, im schlimmsten Fall in Form einer Ellipse, wie jetzt beim 991er. Etwas, das von dem anwesen-

den Architekten auf dem Podium sofort kritisiert wird: Die Scheinwerfer vorne seien fünf Prozent zu groß, das Heck sei zu nahe am Aston Martin und der Knick müsse auch gut überlegt sein.
Mauer ist schwer zu irritieren. Die Architektur des Fahrzeugs definiert die Dimension und die verrät dann auch, ob es sich um einen Sportwagen handelt. Die 20 Zoll großen Räder sind ein Ergebnis der Anforderungen der Fahrdynamik wie auch der Tuning-Ästhetik, der verlängerte Radstand von den Ingenieuren diktiert. Länge läuft, heißt es da. Die Flyline, das abfallende Dach, sei sehr typisch 911er. Dadurch, dass die Höhe des Fahrzeugs reduziert und gleichzeitig der Radstand verlängert wurde, hat der 991 eine ganz andere optische Dynamik. Die Außenspiegel sitzen nach 13 Jahren wieder auf den Türen. Jedes Details ist bei Mauer bis ins Vorletzte durchdacht. Er ist anders als Ferdinand Alexander Porsche nicht mehr der Designer eines Fahrzeugs, sondern aller vier Porsche-Baureihen, plus der Reihen, die noch dazukommen sollen. Alles in seinen Überlegungen folgt einem großen Plan. Der Stilist als Ingenieur berechnet die Effekte und will doch von jenen auch verstanden werden, für die ein Elfer stets und vor allem eine Sache des Herzens war und ist.

Das Technologie- und Entwicklungszentrum von Porsche liegt abseits der nicht unbedingt großen Stadt Stuttgart, in der zum Zeitpunkt der exklusiven Preview seit ein paar Wochen die Grünen regieren, deren Mächtigste schon vor Amtsantritt zu verstehen gaben, dass ihnen die Zuffenhausener Meisterwerke nicht besonders am Herzen liegen.
Obwohl der 991er noch zu Zeiten eines Ministerpräsidenten Günther Oettinger entworfen wurde, besitzt dieses Mo-

dell eine Kantigkeit, mit der man auch anecken kann. Anders als der knuffige 996er, das elegant zurückhaltende G-Modell oder die feingliedrigen Ur-Elfer besitzt der 991er eine wehrhafte Athletik. Sein Heck blickt so böse drein, als könne er Brandstifter, wie sie im Jahr 2011 vor allem in Berlin alle automobilen Statussymbole der gehobenen Mittelschicht anzünden, seinerseits in Flammen setzen. Er gibt von vorne den Intellektuellen und hat hinten die Maske des Rächers übergezogen.

Gleichzeitig steckt in ihm ein überzeugter Grüner, denn dank der Start-Stopp-Automatik konnte der Verbrauch trotz Leistungszuwachs gesenkt werden. Die Testberichte weltweit überschlagen sich. Selbst Jeremy Clarksons »Top-Gear«-Magazin verteilt Bestnoten. Er könnte seinen grünen Kritikern entfliehen, wenn er denn wollte. Aber es sieht so aus, als würde er sich auf die Auseinandersetzung freuen. Er ist ein Mahnmal heiterer Angriffslust. Das passende Auto für unsere Zeit.

Für die Traditionalisten bedeutet der 991er trotz der optischen Wagnisse am Heck wie im Inneren eine weitere Etappe in der Restauration des klassischen Elfertums. Der 991er ist leichter, rauher und gefährlicher als sein Vorgänger. Dass der Name 911 wieder auf dem Heck zu lesen ist, greift in der Traditionslinie bis zum letzten SC-Modell mit dem samtig-sportlichen 204-PS-Motor zurück. Zudem wird 2014 der Targa wieder mit dem Bügel eingeführt. So imprägniert sich Porsche nun als VW-Tochter mit Reverenzen an die Geschichte gegen den Verdacht der Verwolfsbürgerung.

Die Realitätsmaschine

Wer will, kann den aktuellen Elfer pur fahren, wie einen Porsche vor 30 Jahren. Wer die elektronischen Fahrhilfen ausschaltet, erhält einen Elfer, der gefährlich und herausfordernd sein will. Skeptiker befürchteten, dass Volkswagen einen Bürokraten und VW-Vasallen an die Spitze von Porsche bestellt, der das gallisch anmutende schwäbische Sportwagendorf dem römisch-wolfsburgischen Reich identitätstilgend einverleiben soll. Was macht ein Konzern, der Jetta und Passat produzierte, mit einem Laden, der GT2 RS erträumt hatte? 2010 wird Matthias Müller zum CEO von Porsche. Müllers Vater war Rennleiter bei DKW und so wuchs der Junge an Rennstrecken auf. Porsche-Betriebsrat Uwe Hück, ein leidenschaftlicher SPD-Wahlkämpfer, findet für manche schwer nachvollziehbare Worte der Erleichterung. Er bescheinigt dem Vorstandsvorsitzenden, dass Müller nach Porsche rieche, tiefergelegt sei und breite Reifen habe. Er sei der Turbo. Was Hück, der einst an der Seite Wiedekings kämpfte, damit verdeutlichen will, ist, dass die Sinnlichkeit des Sportwagens einen Anker in der Persönlichkeit des Chefs haben müsse. Die Jahre der Komfortliebe waren für das Management eine Katastrophe, als Entscheidungen auf die lange Werkbank geschoben wurden. Die Jahre, in denen der Elfer komfortabel zu werden drohte, gefährdeten das Eigenleben des Sportwagens, der zur Existenzgrundlage der Marke geworden war.

Komfort lenkt ab. Einen Sportwagen zügig zu bewegen, erfordert unmittelbare Rückmeldung über Lenkung, Fahrwerk und Armaturen über möglichst viele Daten zur befahrenen Realität. Kantigkeit und Sinnlichkeit galten nach der Übernahme durch VW in der Meinung einiger Experten als erstes Opfer der neuen Konzernsynergien. Doch VW hat gelernt. Blickte der Volkswagen-Konzern auf seine Markenfamilie, sortierte sich das Feld nach vernünftigen, breiten Marken wie VW, Škoda oder Audi und tendenziell exzentrischeren Marken wie Lamborghini und Porsche. Sie werden nur gekauft, um Erfahrungen zu machen, die man in anderen Fahrzeugen nicht machen kann. Es geht um einen Kick, der in der digitalen Welt so kaum mehr spürbar wird. Es geht um ein archaisches Gefühl von Freiheit. Als Symbol der Freiheit wie der rauschhaften Konfrontation mit einer lauten, nervösen, nach Benzin riechenden Realität befinden sich Sportwagen auf dem Rückzug. Ein Auto als Freiheitsversprechen betört immer weniger junge Menschen. Das Smartphone wird wichtiger.

Begann das Erwachsenenleben früher mit dem Führerschein, wird die Dazugehörigkeit zur Lebenswelt der Erwachsenen heute eher mit dem ersten iPhone oder Tablet verbunden. Das gilt besonders für junge Menschen in Großstädten, bei denen die Neigung, früh ein Auto zu kaufen, spürbar sinkt. Die Autofirmen reagieren nervös und produzieren Autos, die sie wie Apple-Produkte nennen oder mit sinnlosen Schnittstellen ausstatten. Andere kostümieren ihre Kleinwagen wie eine Computermaus und polstern deren Sitze in den bunten Farben eines Screensavers. Die in den 80er Jahren so gängige These des französischen Philosophen Jean Baudrillard, dass die Dinge verschwinden, scheint Anfang des 21. Jahrhunderts Allgemeinplatz geworden zu sein. Die Dinge verschwinden, die Realität digitalisiert sich und soziale Netzwerke stellen jene Verbindung zwischen den Menschen her, für die bislang Straßennetze gebraucht wurden. Nähe wird relativ, die gute alte Wirklichkeit ist eine Option, aber keine Verpflichtung mehr.

Einige Autohersteller passen sich dem Trend an und entwirklichen das Fahren eines Autos bis zur Besinnungslosigkeit.

Bei den Elfern bis zum 996er war der Tankdeckel links auf der Fahrerseite, so dass es nach dem Tanken im Inneren des Sportwagens nach Benzin roch. Alle Sinne werden im 911er aktiviert, inklusive des Popometers, jener von Rennfahrern geschätzten Instanz zur Erfassung der Straßenbeschaffenheit und der Verbundenheit des Fahrzeugs damit. Bodenunebenheiten werden nicht geschluckt, sondern sind an den Händen am Lenkrad, am gesamten Körper, der in die engen Sitze gepresst wird, zu spüren. Auch wenn die Elfer seit ihren Anfängen 1963 mit jeder Baureihe etwas komfortabler und milder geworden sind, markiert die Baureihe 996 mit ihrem fast SL-artigen Komfort einen Endpunkt dieser Entwirklichung. Zudem half jene Fahrwerksabstimmung per Knopfdruck, die ihre Anfänge ebenfalls im Rennsport hat. Damit konnte der Fahrer eines 997ers entscheiden, ob er es gerne hart und rennsportlich oder aber lieber bequem und GT-mäßig haben wollte. Per Knopfdruck änderte sich der Charakter des Elfers, wenn man wollte.

In seiner eigenen Kommunikation hat Porsche nie den Purismus dieser Sinneserfahrung verkauft. In den 50er und 60er Jahren wurde der Vorgänger des Elfers, der 356er, als ein bequemes Auto beworben. »Richtig gefedert und springlebendig« sollte der 356 C sein. »In einem Porsche spüren Sie die Straße nicht«, versprach der Werbetext, denn der Porsche sei weder zu hart noch zu weich. Doch dieses Versprechen geschah zu einer Zeit, als in Deutschland die Folgen und Schatten des Krieges noch an jeder Straßenecke begutachtet werden konnten. Luxus war Befriedung und genau in diesem Sinne bot der 356er auch komfortables Reisen verglichen mit seinen direkten Konkurrenten.

Als »Gefährt glücklicher Gefühle« bezeichnete der »Spiegel« den Elfer 1967. Anlass für diese Geschichte im Sturmgeschütz der Demokratie war eine umfangreiche Studie über die Zufriedenheit unter Porsche-Besitzern. Heraus kam auch eine kleine Sozialstudie über einen damals noch elitär kleinen Kreis von Porsche-Fahrern, die ihr Gefährt als eine elegante Antithese zum kommoden Massenauftrieb auf den Straßen verstanden. Der Statusneigung zum Trotz wollte der Porsche-Fahrer schon damals kein Arrivierter sein wie die Lenker eines bequemen Mercedes. Der Elfer-Fahrer wollte ein schnelles, vergleichsweise risikoarmes Sportgerät, das einem auch Freude bereitete, wenn man es langsam durch das Heer der Sonntagsfahrer und Schleicher bewegen musste. Der wichtigste Grund zum Kauf eines Porsche war damals – wie wohl auch heimlich heute – die erreichbare Höchstgeschwindigkeit. Nahezu ebenso viele Käufer gaben das Fahrvergnügen als Grund an. Durchschnittlich

25.054 Kilometer fuhren die Porsche-Besitzer ihren Elfer (und 912er) damals. Das verdeutlichte, wie sehr dieser fordernde Sportwagen täglicher Begleiter in anspruchsvollen Berufen war und weniger Drittfahrzeug und Wochenendgefährt, wie das heute oft die Regel ist. Als die Porsche-Fahrer am Ende gefragt werden, ob sie sich wieder einen Elfer kaufen wollen, sagen 70,6 Prozent ja, 18,5 Prozent »vielleicht« und nur 10,9 Prozent nein. Frauen geht es genauso oder zumindest ähnlich.

Sie war 26, frisch getrennt und von dem Gefühl erfüllt, am Anfang ihres Lebens zu stehen. Es keimte der Wunsch auf, sich für ein neues Auto zu entscheiden. Beim Scannen der Möglichkeiten und etlichen Probefahrten kristallisierte sich ziemlich schnell heraus, dass nur ein Porsche 911 in Frage käme, ohne dass dafür ein Modell aus Freundeskreis oder Familie nötig gewesen wäre. Weder Mutter, Vater noch Umfeld hatten eine Geschichte mit einem Elfer. Es war das Auto an sich (schwarzer Carrera 4, Coupé, Baujahr 1989, schwarz-schwarz), das zu ihr sprach: »Ich bin die Perfektion eines Automobils in Form und Funktion.« Ob bei der Betrachtung seiner Silhouette, dem Lauschen seines satten Motorengeräuschs oder dem Gefühl der unendlich anmutenden Kraft beim Beschleunigen, dieser Wagen versprach der angehenden Naturwissenschaftlerin die perfekte Begleitung zu sein für das, was sie vorhatte: Emanzipation, möglichst weite Strecken schnell zurückzulegen, um das Angebot der weiten Welt maximal ausschöpfen zu können, Angriffslust.

Der 911er verkörperte Autonomie, finanziell wie ganz konkret. Sie hatte das Gefühl, in dieses Auto einsteigen und jederzeit hinfahren zu können, wohin es sie zog. Es lud zum

Neuanfang ein, bekräftigte das Gefühl, von niemand und nichts abhängig zu sein, ganz »sein eigener Herr«. Einsamkeit schien als Gefühl inhibitiert, zu sehr stellte der Elfer den Aspekt der Freude am Alleinsein und dessen Vorzüge in den Vordergrund. Was gab es Schöneres, als ziellos eine Runde auf der Autobahn zu drehen und mit allen Sinnen diesen Wagen zu spüren: Geruch, Geräusch, Geschwindigkeit. In der Traumdeutung symbolisiert die Fahrbahn/Straße häufig den eigenen Lebensweg und das Auto einen selbst. Diese emotionale Symbolhaftigkeit war bei diesen Autobahnfahrten aufs angenehmste spürbar: Der Elfer unterstützte Urvertrauen und Kampfgeist und es tat sich das Gefühl einer verheißungsvollen Zukunft auf, die Vorfreude weckte. Neben all der Aufbruchslaune vermittelte ihr der Gefährte zu jederzeit Sicherheit und Solidität, wie andere Sportwagen es nicht vermochten. Er führte sie nicht auf die falsche Fährte oder lud zu Selbstüberschätzung ein. Nein, im Gegenteil, 911er fahren vermittelte immer auch Erdung und die Aufforderung, sich auf das Wesentliche zu konzentrieren. Nicht zuletzt seine Wertstabilität sagte: »Ich halte mein Versprechen, ich bin kein kurzes Abenteuer, welches du bereuen wirst, ich bin nachhaltig.« Er war eben der perfekte Partner. Die Tochter aus einer hanseatischen Kaufmannsfamilie überzeugte das Argument, mit diesem Sportwagen eine ungewöhnlich stabile Wertanlage zu besitzen. Ein Elfer war ähnlich inflationsresistent wie die Goldbarren im Schließfach der Bank, nur garantierte er deutlich mehr Spaßrendite. Ein RS 2.7 kostete 1972 gerade einmal 34.900 Mark und ist heute gut 300 000 Euro wert. Selbst ein gebrauchter, ziemlich konventioneller 993er bringt heute seinen Neupreis. Die Ur-Elfer und G-Modelle sind heute bis zu fünfmal so teuer, wie sie damals verkauft wurden.

Wenn man davon ausgeht, dass der Elfer in jeder Lebensphase eine andere psychologische Funktion erfüllt beziehungsweise eine andere Symbolkraft hat, dann ist er in einer so frühen Lebensphase das Versprechen an sich selbst, alles zu geben, stets das Beste anzustreben, sich nie mit dem Mittelmaß abzufinden, immer erneut Herausforderungen zu suchen und anzunehmen sowie unabhängig und frei zu bleiben. Man kann also sagen, 911er fahren in der Adoleszenz hat pädagogisches Potential, welches Motivation, Mut und Selbstvertrauen anregt.

Wie in einer guten Therapie führt die Begegnung mit dem Elfer nicht etwa in die Abhängigkeit, sondern vielmehr von derselben in die Unabhängigkeit: So haben viele Elfer-Fahrer das mithilfe des Elfers entwickelte Lebensgefühl und -versprechen verinnerlicht. Es war zu einem inneren Objekt geworden, für immer repräsentiert und abrufbar und damit als konkretes Objekt für den Augenblick verzichtbar. Deswegen können sich Elfer-Fahrer auch über Jahre von ihrer Leidenschaft trennen, um unaufgeregt wieder zu ihr zurückzukehren. Denn neben gewissen konstanten Elementen (Eleganz, Qualitätsbewusstsein und Kraft) bedient der Elfer je nach lebensgeschichtlichem Kontext sehr unterschiedliche psychologische Funktionen. Während er beim Kind Sehnsuchtsobjekt ist, bedient er beim Erwachsenen den Spieltrieb und löst Kindheitsträume ein. Beim Bilanzieren in der Lebensmitte fungiert er als Symbol und Rückversicherung erfolgreichen Handelns. Im Alter reaktiviert ein Elfer das mit ihm damals erlebte Gefühl von Freiheit und Vitalität. Das macht ihn fähig, zum lebenslangen Begleiter zu werden, zur ersten Liebe, zu der man immer wieder zurückkehrt. Eine unendliche Geschichte. Ein unsterbliches Auto.

Die individualistische Utopie

Vereinzelung durch Massenkonsum

S GO 4002

Irgendwann hat der Elfer auch seinen nüchternen, genießenden, aber stets rationalisierenden Fahrer so weit. Er ist der geworden, der er eigentlich nie sein wollte. Beim vierten, fünften oder sechsten Elfer steht der gerade noch junge, nun ziemlich grauhaarige Mann auf dem Hof hinter der Waschanlagen-Ausfahrt und wischt mit Küchentüchern die Innenseiten der Tür trocken, streichelt letzte feuchte Ecken von den Gummis an den Kotflügeln und entfernt jeden

Tropfen Wasser, wo er sich auch versteckt haben mag. Obwohl er seit über 20 Jahren Elfer fährt, hat ihn der neue, der vielleicht ein alter ist, so weit, dass er mit klopfendem Herzen auf sein Coupé blickt und nicht fassen kann, dass es in dieser oft genug unansehnlichen, rüden, unfeinen Welt etwas derart Aufregendes und Anmutiges gibt, das Haltung und Eleganz so unwiderstehlich verbindet. Am Abend nach einer längeren Autobahnfahrt und einigen Sprints auf der Landstraße lauscht er auf dem Gehweg dem Knacken und Knistern des luftgekühlten Boxers. Er atmet vor dem Gang ins Haus noch einmal den ganz speziellen Elfer-Geruch ein, der in die Hemden und Anzüge eingezogen ist, und freut sich am Morgen, wenn genau dieser Geruch beim Einsteigen verspricht, dass das mechanische Zeitalter noch nicht vorüber sei.

Natürlich ist die These einer klugen jungen Frau aus gutem Hause irgendwie richtig, dass in einem Elfer, den sie liebt, oft genug sterile, verklemmte »Vollidioten« (wie sie sagt) sitzen, die ziemlich stolz sind, wenn eine hübsche Frau in ihren Porsche hineinblickt. Das neureiche Milieu, mit seinen Polo-Leibchen, allzu großen Uhren, originellen Sonnenbrillen, missbraucht die Verkehrswege für PowerPoint-Präsentationen ihrer Wertsachen. Einen Elfer halten sie sich wie ein Trophy-Wife oder einen etwas zu großen Hund. In der Symphonie der Übertreibungen bleiben die feinen Töne des Elfers ungehört.

Aber über diese Fahrerinnen und Fahrer verliert man in diesem Zusammenhang kein Wort. Möglicherweise sind sie bei einigen Baujahren sogar in der Mehrheit. Aber sie bringen nichts in Misskredit. Sie stören nicht wirklich. Die junge Frau liebt dieses Auto und deswegen interessiert sie sich für die Besitzer eines solchen Sportwagens. Je banaler

der Besitzer eines Elfers daherkommt, umso mächtiger strahlt das Auto über ihn hinweg.
Echte Elfer-Fans verstehen sich als Seelen-Guerilla gegen die frostige Welt jener Statusfetischisten, die mit dem Kauf eines Porsche ein brüchiges Selbstwertgefühl mit einer Teflonschicht nach außen armieren. Elfer-Fans sind Junkies ihrer Leidenschaft. Sie verlieben sich jeden Tag neu in ihren Sportwagen. Sie erinnern an die Zeit, als die ersten Mechaniker in Zuffenhausen den einen oder anderen Kunden den Wagen Probe fahren ließen, um – so Richard von Frankenberg – »festzustellen, ob er überhaupt gut genug Auto fahren kann und das Getriebe ohne Krachen schalten kann«. Der Porsche sollte ursprünglich ein Auto »for those who know« sein, wie das ein Detroiter Technolabel später für seine Platten in Anspruch nahm. Kein Auto für jeden, sondern eigentlich nur für denjenigen, der dieses Autos würdig war. Oder im Schwäbisch der Monteure: »Dem verkaufa mer koi Audo, der hot's net verdient.« Der offizielle Sound aus Zuffenhausen klang freundlicher. »Wenn man Sie nach der Wahl Ihres Fahrzeugs beurteilen würde«, so mutmaßt das Vorwort der Bedienungsanleitung des ersten Elfers 1964, »müsste man ohne Zweifel auf einen Automobilisten besonderer Klasse schließen.«
Von Shawn Stüssy, dem kalifornischen Designer von Surfbrettern, T-Shirts und Jacken, war bekannt, dass er Leuten, die seine Sachen trugen, aber ausgemachte Widerlinge waren, viel Geld bot, damit sie ihm Caps, Hoodies oder Baggy Jeans wieder zurückgaben. In dieser Exklusivitätsfantasie schimmert ein romantischer Traum von einer Konsumgesellschaft, in der es zwischen Produkt und Konsumenten kaum Entfremdung und Verwerfung gibt. Eine Welt, in der die Intention des Produzenten mit der Projektion des Kun-

den zusammenfällt. Etwas, das bei Porsche bis in die späten 70er Jahre funktionierte, weil der Kreis der Kunden noch irgendwie überschaubar war. Die Porsche-Monteure der ersten Stunde hatten Porsche so geformt wie der Porsche sie. Sie waren auf motivierende Weise mit ihrem Werk eins. Sie bauten in 25 Stunden Handarbeit einen Motor zusammen und wenn er fertig war, schlug der Monteur die Initialen seines Namens in das Kurbelgehäuse. Porsches waren einzigartige Manufakturobjekte für Individualisten. Mit der Massenproduktion, den Fließbändern und – dank Wiedeking – schließlich mit dem Kaizen der Japaner ging diese Bindung im altmodischen Sinne verloren, umso wichtiger war es für die Marke und ihre »Die Hard«-Kunden, diese Verschiebung der Produktionsbedingungen mit einem Maximum an Emotionalität überzukompensieren. Sollte das Automobil das technische Zentralobjekt der Moderne sein, wie Peter Sloterdijk das vermutet, dann wäre dieser Kampf um Individualität auch ein humanistisch-liberales Projekt, wenn auch ein wenig elitär und nicht direkt übersetzbar in den Massenmarkt der Wegwerffahrzeuge. In Kalifornien hat sich die R-Gruppe (sic!) gegründet, die den Elferismus mit der Hot-Rod-Kultur verbindet und damit zwei minimalistische Bad-Boy-Subkulturen und -Ästhetiken verschmelzen lässt. Diese Gruppe von Elfer-Freunden, die vor allem getunte Ur-Elfer bewegen, versteht sich als anarchistisches Herz des Porsche-Undergrounds. In diesem Kollektiv, das seine Mitglieder streng selektiert, wird das Porsche-Fahren exklusiv und rebellisch, wie es am Anfang bei James Dean und den protofeministischen Rennfahrerinnen wohl gewesen ist. Als Spiritus Rector und Ehrenmitglied verstehen die Kalifornier Steve McQueen.

Die ikonische Erscheinung des Elfers hat seine Warenform transzendiert. Tobias Rehberger, in Stuttgart geborener Künstler, zeichnet zur Jahrhundertwende ein paar Skizzen eines Elfers aus dem Gedächtnis und sendet sie nach Thailand, wo auf Fakes spezialisierte Mechaniker einen fahrbaren Elfer konstruieren, der trotz entgleister Proportionen und ungenauer, brutalistischer Details doch sofort als Elfer erkennbar ist, wegen der Torpedorohre, der Flyline und des schlanken Hecks. Deutlich respektvoller nutzt der Architekt die ikonische Form des Elfers und modelliert aus der Flyline den Porsche-Pavillon in der Autostadt Wolfsburg. Skulptur wie Gebäude sind Ikonen (sic!), die als Ableitung des Referenzobjektes dessen kulturelle Fruchtbarkeit herausstreichen.

Elfer-Freunde haben eine eigene Sprache. Ihr Soziolekt schweißt eine Gemeinschaft zusammen, die mit unzähligen Magazinen und Foren im Netz mit jedem Jahr ausdifferenzierter wird. Das Ideal ist eine Semantik, die direkt aus dem Kfz-Schein oder der Technikgeschichte des Elfers abgeleitet werden kann: »Ich fahre einen 964er mit mehrteiligen Cups, 030 ab Werk.« Oder: »Ich fahre ein 3.2 Coupé mit G50, Fuchs und WLS.« WLS heißt Werksleistungssteigerung, so wie WTL Werksturbolook heißt und G50 ist ein Getriebe, das die letzte Version des G-Modells ab 1986 serienmäßig erhalten hat. Oft genug sind diese Fans nicht so wohlhabend, dass ihr Elfer ein Auto unter vielen in ihrer großen Garagenlandschaft ist, sondern ein Stück materialisierter Exzellenz, das sie sich gönnen, weil es der Traum ihres Lebens ist. Sie pflegen ihren Elfer wie ein Familienmitglied, schicken ihn mit einem üppigen Ölwechsel in den langen Winterschlaf, bewahren ihn vor Nässe und Kälte

und horchen jeden Tag, ob der Motor hustet oder stottert. Regenwasser wird aus den Türläufen alter Elfer geholt, wenn die Ausfahrt im schlechten Wetter endet, zur Not mit dem brandneuen Kaschmirschal. Ein absolutes Gehör für den noch kalten Motor, der mit dem Blick auf die Öltemperaturanzeige nicht mehr als 3.000 Umdrehungen gefahren werden soll, hat der »Lufti« für seinen Elfer längst entwickelt, weil er weiß, wie schädlich höhere Drehzahlen für die Haltbarkeit des Boxers sind. Der Drehzahlmesser im Zentrum der Instrumententafel hat sein Double in Hirn und Gehörgang des Elfer-Fahrers erhalten.
Der hohe Individualisierungsgrad ist beim Elfer ein Alleinstellungsmerkmal. Kaum ein Auto ist wie das andere. Und wer es ganz speziell mag, hat ein Auto aus dem Sonderwunschprogramm zusammengestellt, das auch mutigste Farb- und Materialkompositionen zulässt. Seit 1986 firmiert das Sonderwunschprogramm unter dem Label »Exclusive«. Schon der Name insinuiert eine ziemlich konventionelle Distinktionspraxis, die zwar zum reichen und mehr noch zum neureichen Kundenstamm von Porsche passt, weniger aber zu jenen Puristen, die in der Reduktion der Extravaganz und der Essentialisierung des Elfers der wahren Bestimmung dieses Sportwagens entsprechen wollen. Eine der schönsten, weil reduziertesten Individualisierungen stammt von Jil Sander. Wie Jerry Seinfeld befand sie sich auf einer Reise ins Innere des Markenkerns: ins Reich des absoluten Minimums.

Auch wenn der Elfer in westlichen Großstädten längst ein Massenphänomen geworden ist, bleibt der Sportwagen gegenüber den Volumenmodellen unverwechselbar. Der Elfer protestiert gegen die Uniformität der Limousinen, SUVs

oder Kombis. Mancher deutsche Hersteller produziert eigentlich nur noch ein Auto, das in verschiedenen Größen ausgeliefert wird. Das gelungene Autodesign ist zur Seltenheit geworden. Scheußliche Karossen mit piepsigen Motorgeräuschen und albernen Farben überrollen Stadt und Land. Oft genug sitzen in unansehnlichen Autos auch unbedarfte Autofahrer, denen man die mangelnde Lust am Verkehr an jeder Kreuzung, mit jeder Lenkbewegung anmerkt. Die zappelige Ineffizienz ihres Kurses durch den Alltag reflektiert die Wertlosigkeit ihre Blechetuis. Sie behandeln ihr Auto schlecht, verschleißen Bremsen und Reifen mit hektischen Bewegungen und sinnlosen Aktionen, weil sie ihr Auto verachten und diese Autos heimlich ihre Besitzer verspotten. Der großstädtische Verkehr ist ein komplexes Ballett, dessen Rhythmus und Tempo jeden Morgen neu verhandelt werden, wer automobil unmusikalisch ist, verpasst seinen Einsatz und torpediert die Formationstänze und Soli der anderen. Der Massenverkehr ist eine soziale Praxis, deren Schönheit nicht ernst genommen wird.
Deprimierend sind die Akteure der strebsamen Mittelschicht, die es sich zur Aufgabe gemacht haben, alle Verkehrsteilnehmer zu erziehen und einzubremsen. Mit pedantischer Rechtschaffenheit erstreiten sie die Höchstgeschwindigkeit gerne auch mit Nötigungen. Oft genug scheitern sie, die Karl Heinz Bohrer so schön als Mainzelmännchen beschrieben hat, bei ihren Kontrollimpulsdurchbrüchen an der Lockerheit, mit der sich Fahrer von muskulösen Limousinen und Sportwagen durch einen kurzen Tritt aufs Gaspedal und ein kurzfristiges Ignorieren der Straßenverkehrsordnung von derlei Volkspädagogen emanzipieren. Der unfreiwillige Verkehrsunterricht wird ausschließlich durch die in Verbitterung Arrivierten angeregt.

Es ist eine sehr deutsche und sehr verbitterte Art, die Egalität auf den Straßen einzufordern.
Gehört es mittlerweile zum guten Ton, Baukultur, Mode und Design connaisseurhaft zu schätzen, ist diese Wertschätzung schönen Automobilen, die aufregend klingen und sich anmutig bewegen, versagt geblieben. Es gilt das ökologische Verdikt. Auf der anderen Seite entstehen mit Orten wie dem Meilenwerk oder den Museen der großen Autohersteller Plätze, die eine anspruchsvolle Lektüre des Kulturobjektes Auto vorsehen. Zudem haben Oldtimer-Messen und von Fanclubs arrangierte Treffen den Charakter provisorischer Technikmuseen. Dem Meilenwerk gelingt dabei ein von Museumstheoretikern bestauntes »détournement«. Die eigentlich als Garage konzipierte Unterbringung von Oldtimern auf zwei Ebenen hat eine sich selbst organisierende Wechselausstellung hervorgebracht, deren Kurator ein Quartiermeister ist. Die Besitzer der Oldtimer achten darauf, dass ihre Fahrzeuge stets die Qualität eines Museumsexponats haben, und den Autoverliebten werden die zum Teil sehr raren Stücke ohne jede pädagogische Unterführung in ihrem puren Sein präsentiert. Nirgendwo werden Artefakte freier assoziiert einem denkbar heterogenen Publikum vorgestellt.

Elfer-Freunde sind materialistische Wertkonservative. Werte sind für sie nichts Abstraktes, sondern konkrete Poesie. Werte entstehen im Gebrauch. Der Elfer als wertiges Auto hat einen Hang zur Klarheit und Transparenz, der dem politischen Konservatismus fehlt. Wie der idealistische Konservative versteht sich der materialistische Konservative als Gegenpol zu Indifferenz und Beliebigkeit. Gegen die Schnelllebigkeit der Trends strebt die Suche nach etwas, das bleibt,

zum Klassischen. Die Verachtung, mit der Ferdinand Alexander Porsche das Wort »Mode« aussprach, grundiert auch die Skepsis der Elfer-Gemeinde gegenüber allzu weitreichenden Verneigungen vor dem Zeitgeist. Gegen die Revolution, die kleine modische wie die große gesellschaftliche, setzt der materialistisch Wertkonservative auf die Evolution.
Die Empfindlichkeit der Elfer-Freunde, die in diesem Buch hinlänglich und mitsamt ihren neurotischen Befürchtungen beschrieben wurden, sensibilisierte über enge Feedback-Schleifen die Porsche-Manager und -Ingenieure für die Wünsche und Ängste ihrer Kunden. In prädigitalen Zeiten befanden sich die Porsche-Chefs in einem konstanten Chat mit ihren Kunden. Über die intensive Kundenbetreuung und die aktive Begleitung der Porsche-Clubs war der Porsche-Fahrer und Kunde stets die Ur-Referenz für die Weiterentwicklung des Produktes. Mit dem Anwachsen der Produktionszahlen wurde der direkte Kontakt zur erweiterten Familie immer schwieriger, umso wichtiger blieb für Porsche mit Clubsport-Veranstaltungen und Clubkultur die Begegnung mit jenen, für die Porsche mehr war als ein Konsumgut, eher eine Erweiterung des Selbst. Der amerikanische Porsche-Club hat über 100.000 Mitglieder, das ist ein Weltrekord, den er mit dem Harley-Davidson-Club teilt. Harley-Davidson wie Porsche sind für eine freiheits- wie mobilitätsverliebte Nation wie die USA Kultobjekte. Dass ausgerechnet ein deutsches Auto den Amerikanern mit einer rollenden und röhrenden Freiheitsstatue auf die Sprünge helfen kann, mutet nüchtern betrachtet wie eine Ironie der Geschichte an. Für die Amerikaner ist der Elfer ein sehr deutsches Auto. In den unzähligen Interviews mit Porsche-Club-Mitgliedern taucht diese Zuschreibung als »something German« wie eine exotische Geheimformel für

Präzision und Athletik auf. Im Porsche erinnern sich viele Amerikaner auch ihrer europäischen Wurzeln – und träumen einen anderen amerikanischen Traum, als ihn die großhubigen Corvettes, Mustangs oder Dodge Charges erzählen.

Es gibt keinen typischen Elfer-Fahrer. Sie sind geeint in ihrem Spleen. »Es ist einfach wunderbar, im Leben etwas zu finden, was man liebt«, erklärt Jerry Seinfeld und kann sich nicht festlegen, welchen seiner Porsches er am meisten liebt. »Eigentlich ist mein Lieblings-Porsche immer der, in dem ich gerade sitze.« Bei Seinfeld sind deswegen stets alle Exponate fahrbereit, auch sein 1949er Gmünd-Ur-Porsche. Der Traditionalismus der Elfer-Freunde ließe sich auch romantisch begründen. Alles, was man liebt, soll so bleiben, wie es war in jenem Moment, als sich der Liebende in es verliebte. Die Treue zum Objekt der Verehrung korrespondiert mit der Permanenz des Objektes. Liebe, die bleibt, braucht ein Gegenüber, das bleibt.

Was ist das für ein Auto, das vernünftige Menschen auch nach Jahren und Jahrzehnten abends kaum einschlafen lässt aus Vorfreude, es am nächsten Morgen aufzusperren, die Tür mit dem unverwechselbaren Klacken und Nachhall zufallen zu lassen, um schließlich den Schlüssel links neben dem Lenkrad umzudrehen und die sechs Zylinder im Heck zum Röhren zu bringen – und loszufahren?

Warum hört es nicht auf, umwerfend zu sein?

Bibliographie

Tobias Aichele: Porsche Raritäten, Prototypen und Autos, die nie in Serie gingen, München 2009
Jörg Austen/Sigmund Walter: Porsche 911. Die technische Dokumentation von 1963 bis 2009, Stuttgart 2008
Roland Barthes: Mythen des Alltags, Frankfurt/M. 1987 (14. Aufl.)
Donald von Frankenberg: Richard von Frankenberg. Mit Vollgas durchs Leben, Bielefeld 2009
Richard von Frankenberg: Die ungewöhnliche Geschichte des Hauses Porsche, Stuttgart 1960
Ders.: Schachspiel ohne Bedenkzeit. Warum Motorsport?, Stuttgart 1959
Ders.: Die großen Fahrer von einst, Stuttgart 1967 (2. Aufl.)
Thomas Fuths: Porsche 911. Die Geschichte einer Legende 1963–1990, Rastatt 1990
Martin Häußermann: Porsche 911, Die Prospekte seit 1964, Bielefeld 2012 (2., akt. Aufl.)
Wolfhart Henckmann/Konrad Lotter (Hg.): Lexikon der Ästhetik, München 1992
Anton Hunger/Dieter Landenberger: Das Porsche Calendarium 1931–2008, München/Zürich 2008 (3., akt. Aufl.)
Dieter Landenberger: Porsche. Die Marke. Die Werbung. Geschichte einer Leidenschaft, Köln 2008
Randy Leffingwell: Porsche 911. Das Kompendium, München 2013
Jürgen Lewandowski: Die Wurzeln einer Legende – Porsche 901, Bielefeld 2012

Frank Lewerenz/Walter Röhrl: Sportlich und sicher Autofahren mit Walter Röhrl, Stuttgart 2008
Reinhard Osteroth: Ferdinand Porsche. Der Pionier und seine Welt, Reinbek 2004
Ferdinand Piëch: Auto.Biographie, Hamburg 2002
Susanne Porsche: Ferrytales. Eine Retrospektive auf Ferry Porsche und seine große Idee, München 2005
Porsche AG/Anton Hunger (Hg.): Passion Porsche. Die Automobile im Porsche-Museum, München/Zürich 2009
Porsche-Museum: Ferry Porsche, 100 Jahre, Stuttgart/Köln 2009
Dass.: Porsche Clubs worldwide, Stuttgart 2012
Dass.: Porsche Ladies, Stuttgart 2010
Dass.: Exclusive, Stuttgart 2011
Peter Weibel: Car Culture, Medien der Mobilität, Karlsruhe 2011
Wendelin Wiedeking: Anders ist besser. Ein Versuch über neue Wege in Wirtschaft und Politik, München 2008

Dank

Mein ganz besonderer Dank gilt Dr. Jochen Wagner, dem rasenden Theologen, Dieter Landenberger, dem ebenso inspirierenden wie hilfreichen Chef des Porsche-Archivs in Zuffenhausen, und Tom Kraushaar, dem Verleger, Lektor und unbestechlichen Kritiker.
Danke auch an die unzähligen Porsche-Fahrer und -Experten, die mir mit Zitaten, Ideen, Hinweisen, Filmtipps oder Ähnlichem beim Buch geholfen haben. Allen voran Werner Sobek, Erwin Wurm, Albert Ostermaier, Moritz Rinke, Jerzy Skolimowski, Niklas Frings-Rupp, Philip J. Rathgen, Mateo Kries, Oliver Voss, Erik Spiekermann, Christian Lindner, Tobias Rehberger, Heinz »Cookie« Gindullis, Donald von Frankenberg, Dirk Maxeiner, Thomas Elsner, Alice Schwarzer, Peter Held, Eleonora von Haeften, Dr. Rainer Kaus, Dada Held, Jerry Seinfeld, André Schäfer, Hanns-Georg Rodek, Richard Kämmerlings, Matthias Müller, Ralf Bönt, Per Hinrichs, Kai Luehrs-Kaiser, Stefan Anker, Nikolaus Doll, Galerie Thaddaeus Ropac, Sascha Keilwerth, Rainer Schlegelmilch, Michael Mauer, Marley Fabis, Thomas »Marok« Marecki, Jörn Clausen, Helge Malchow, Tom Ising, Martin Fengel, den Mitarbeitern des Porsche-Archivs und Franz Rother für seinen Stoizismus bei unserem Mille-Miglia-Abenteuer.

Am wichtigsten: meiner wunderbaren Familie, die diese Obsession liebevoll erträgt.

Klett-Cotta
www.klett-cotta.de

Printed in Germany
Schutzumschlag: Herburg Weiland, München
Gestaltung und Satz: Tom Ising, Aurelian Hallhuber
für Herburg Weiland
Bildnachweis Frontispiz: Urban Zintel
Alle anderen Bilder: Porsche AG
Gedruckt und gebunden von Kösel, Krugzell
ISBN 978-3-608-94742-7

Vierte Auflage, 2015

Bibliografische Information der
Deutschen Nationalbibliothek:
Die Deutsche Nationalbibliothek
verzeichnet diese Publikation in der
Deutschen Nationalbibliografie;
detaillierte bibliografische
Daten sind im Internet über
<http://dnb.d-nb.de> abrufbar.